AF503277

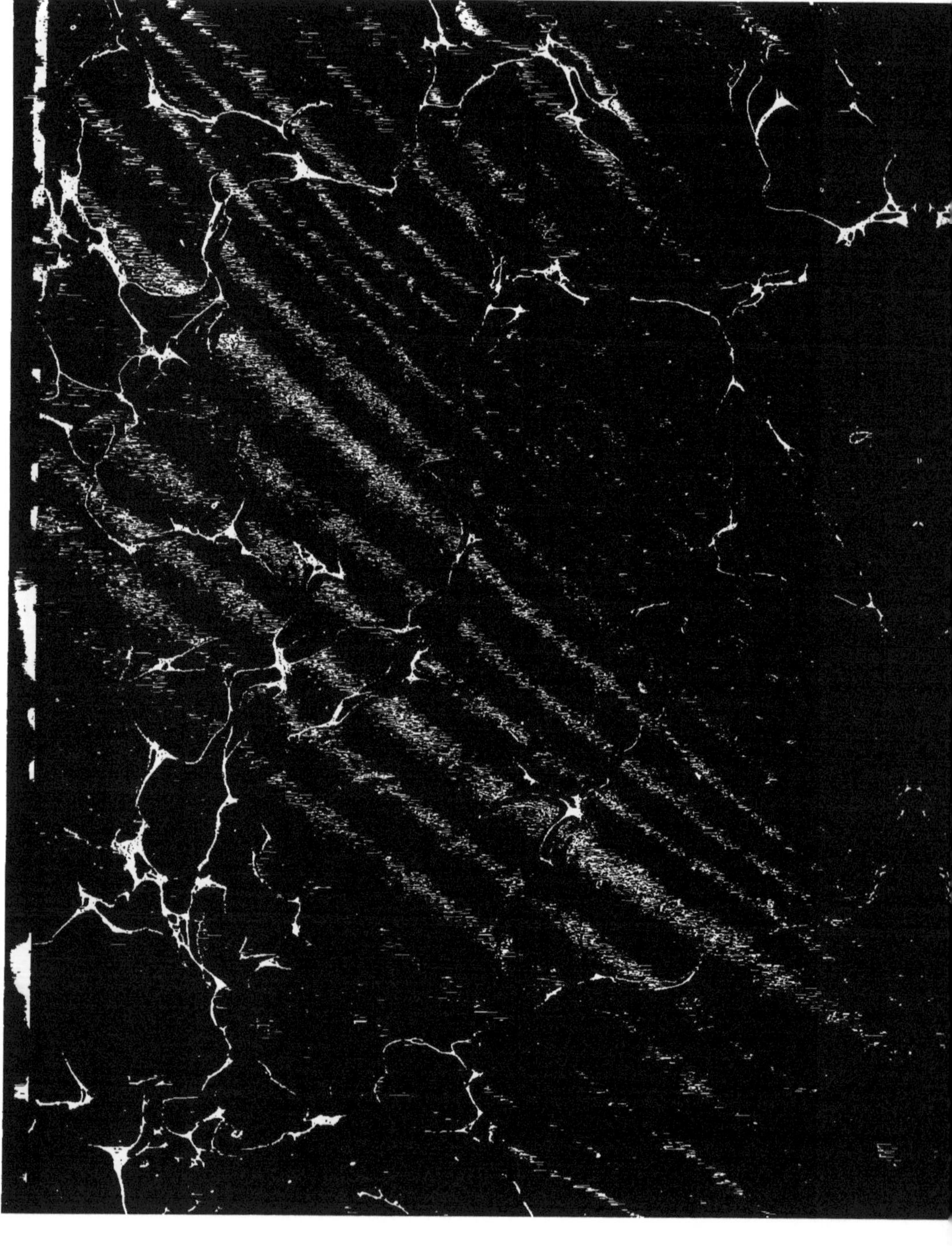

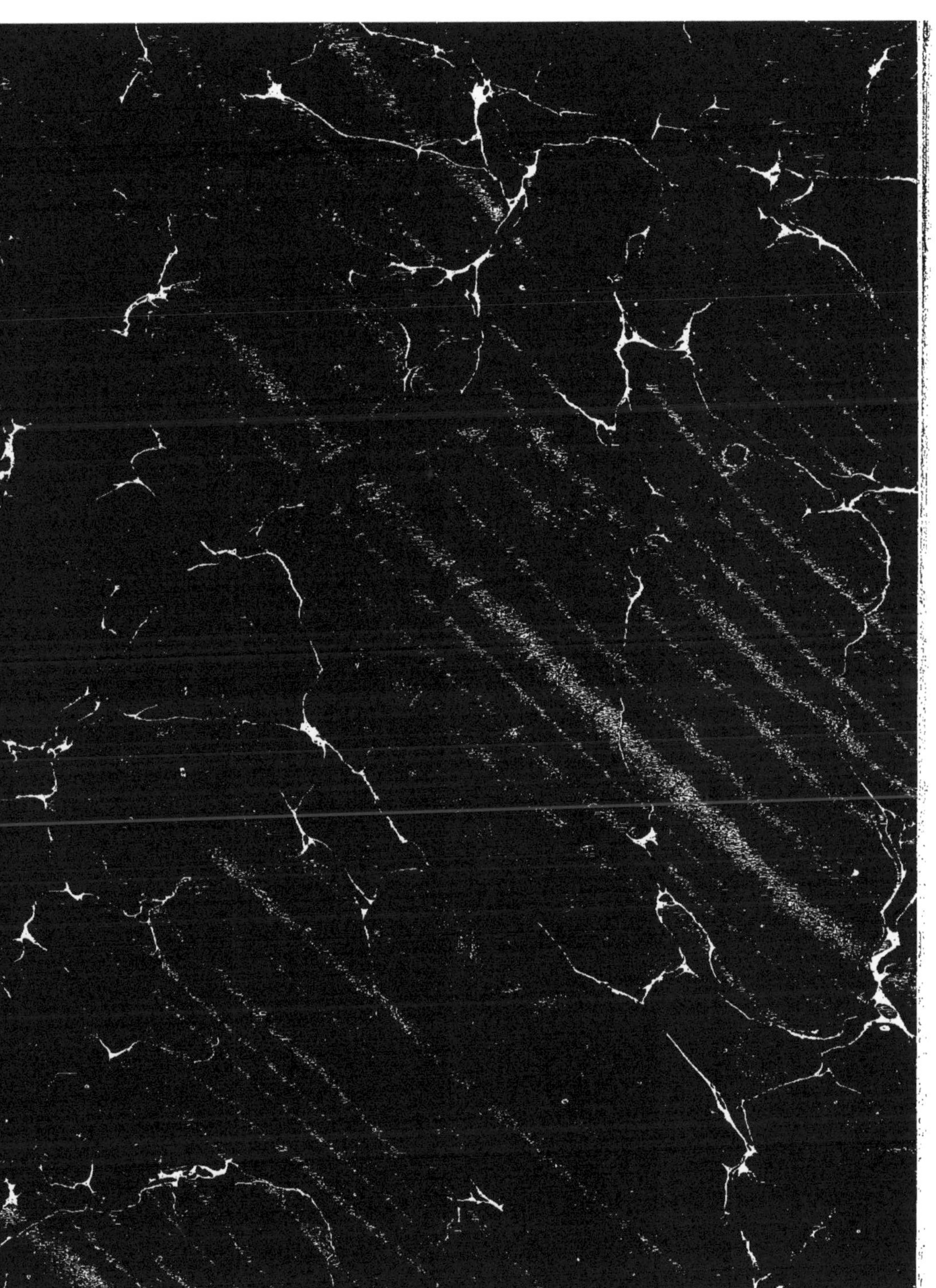

V

ÉLÉMENTS

DE

GÉOMÉTRIE DESCRIPTIVE

PARIS. — IMPRIMERIE DE FAIN ET THUNOT,
Rue Racine, 28, près de l'Odéon.

ÉLÉMENTS

DE

GÉOMÉTRIE DESCRIPTIVE,

CONTENANT LES MATIÈRES EXIGÉES

POUR L'ADMISSION AUX ÉCOLES POLYTECHNIQUE,

MILITAIRE, NAVALE ET FORESTIÈRE,

ET RENFERMANT EN OUTRE

DES CONSIDÉRATIONS GÉNÉRALES SUR LES PLANS TANGENTS,

AVEC QUELQUES APPLICATIONS AUX SURFACES CONIQUES, CYLINDRIQUES ET SPHÉRIQUES.

PAR C. BERTAUX-LEVILLAIN,

ANCIEN ÉLÈVE DE L'ÉCOLE POLYTECHNIQUE,
PROFESSEUR DE MATHÉMATIQUES.

ATLAS.

PARIS.

CARILIAN-GOEURY ET V^{OR} DALMONT, ÉDITEURS,

LIBRAIRES DES CORPS ROYAUX DES PONTS ET CHAUSSÉES ET DES MINES,

QUAI DES AUGUSTINS, 39 ET 41.

1847

Fig. 1.

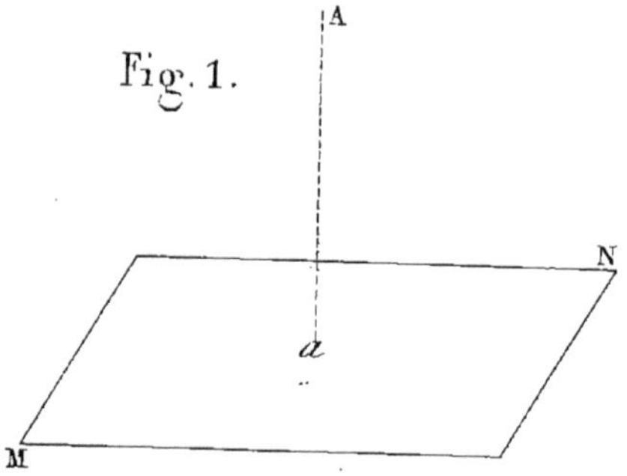

A

N

a

M

2.

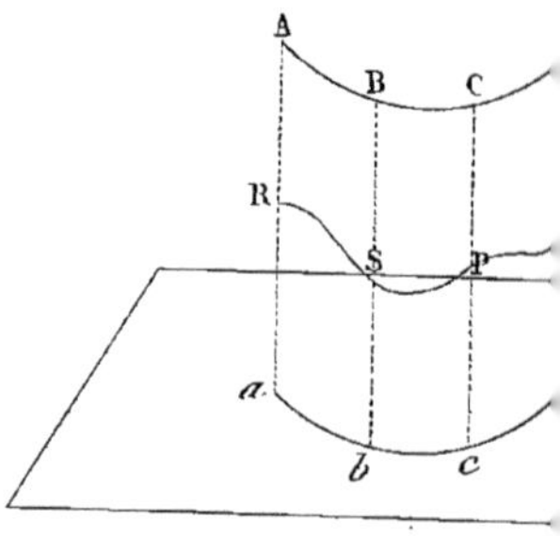

A B C

R

S P

a

b c

5.

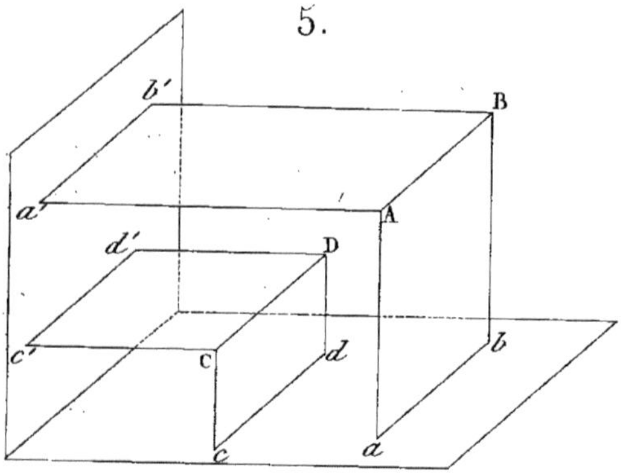

b′ B

a′ A

d′ D

c′ C d b

c a

Q

a′

a

M

8.

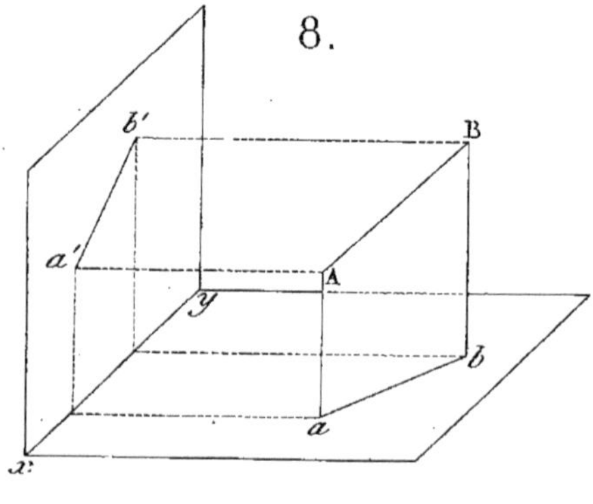

b′ B

a′ A

y

b

a

x

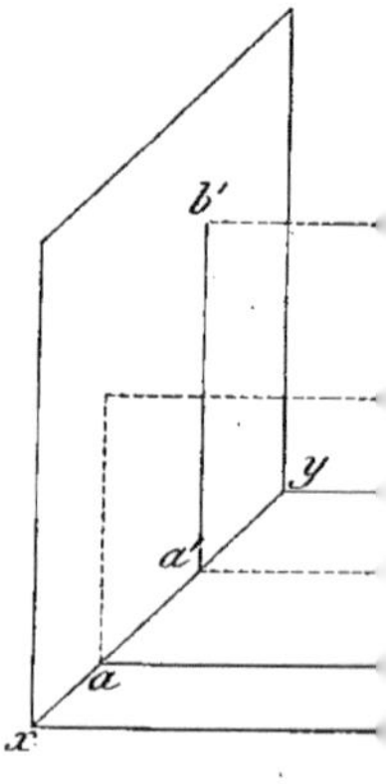

b′

y

a′

a

x

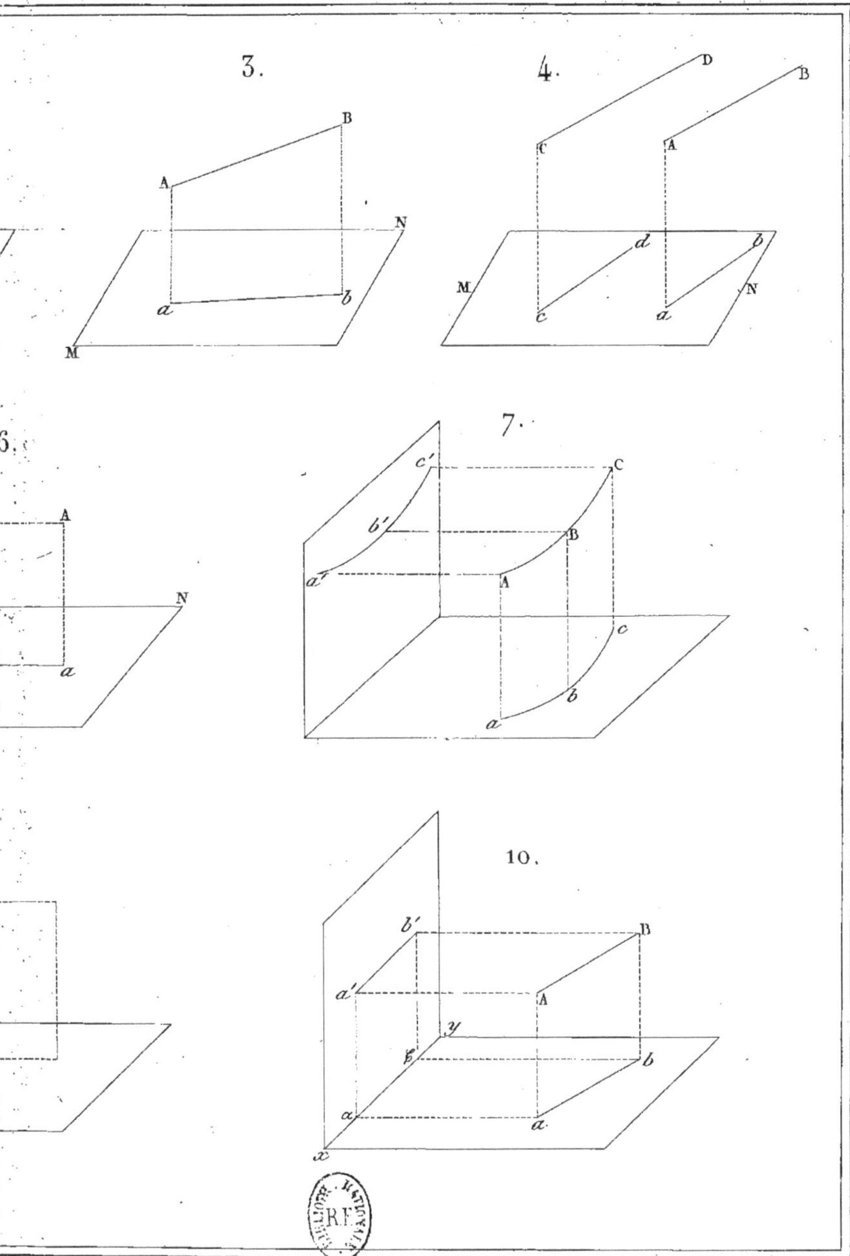

Lemaître sc.

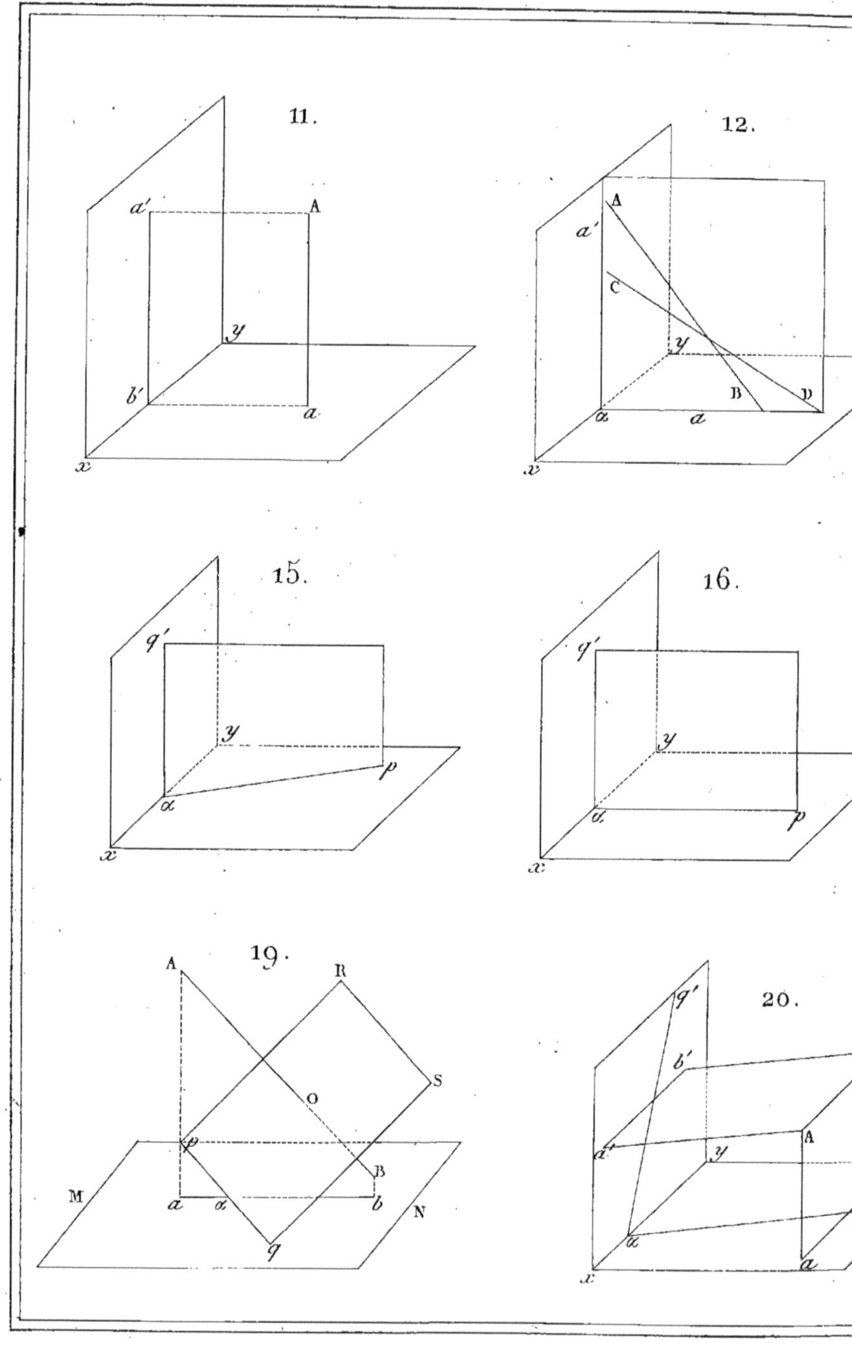
11.
a'
A
y
b'
a
x
12.
A
a'
C
y
B
D
α
a
x
15.
q'
y
p
α
x
16.
q'
y
α
p
x
19.
A
R
S
O
p
B
M
a
α
b
N
q
20.
q'
b'
A
a'
y
α
a
x

13.
q'
p'
y
x
14.
s'
r'
y
q
x
p
17.
a'
A
B
b'
1
2
y
a''
a
b
b''
β
δ
d''
d
c
γ
c''
x
3
4
d'
D
C
c'
18.
a'
b
c
b'
α
β
γ
δ
d'
a
c'
d

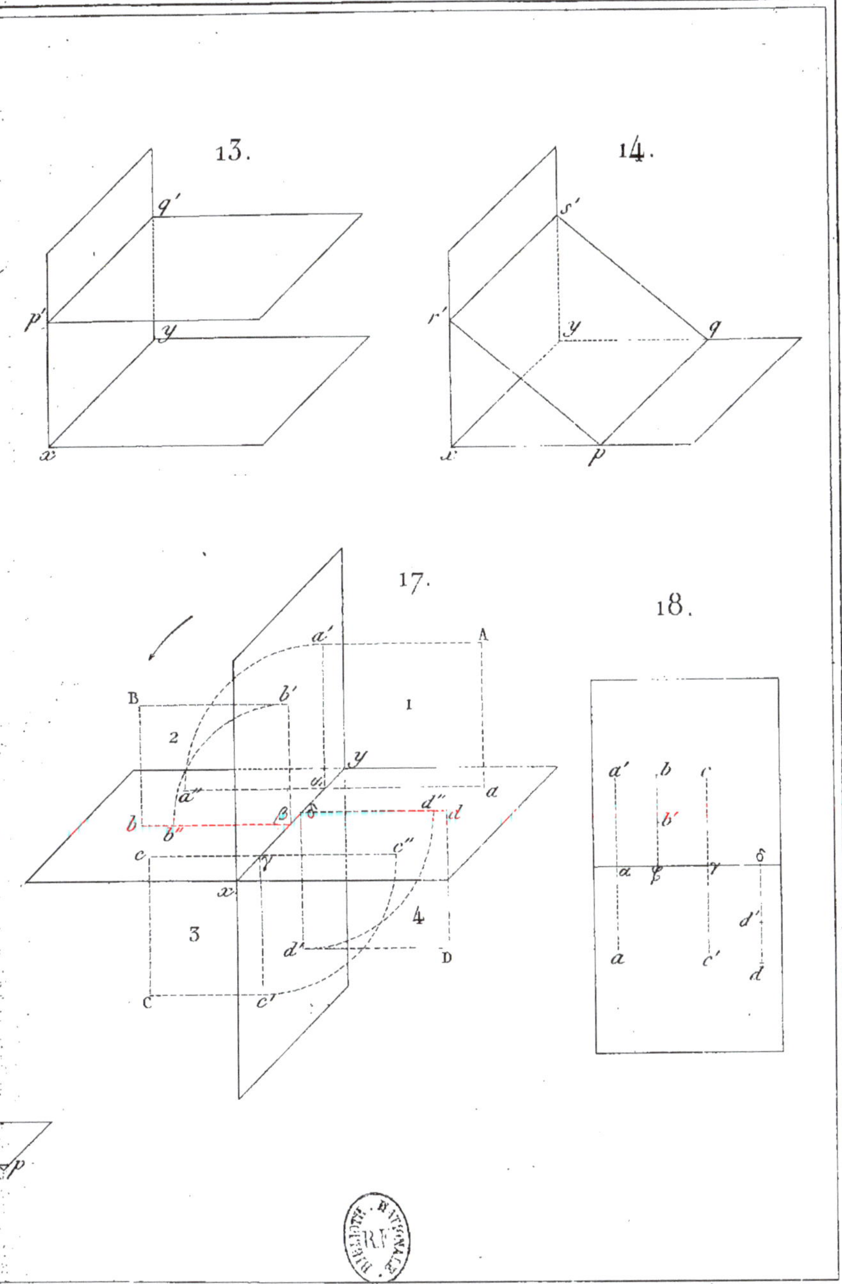

Lemaitre sc.

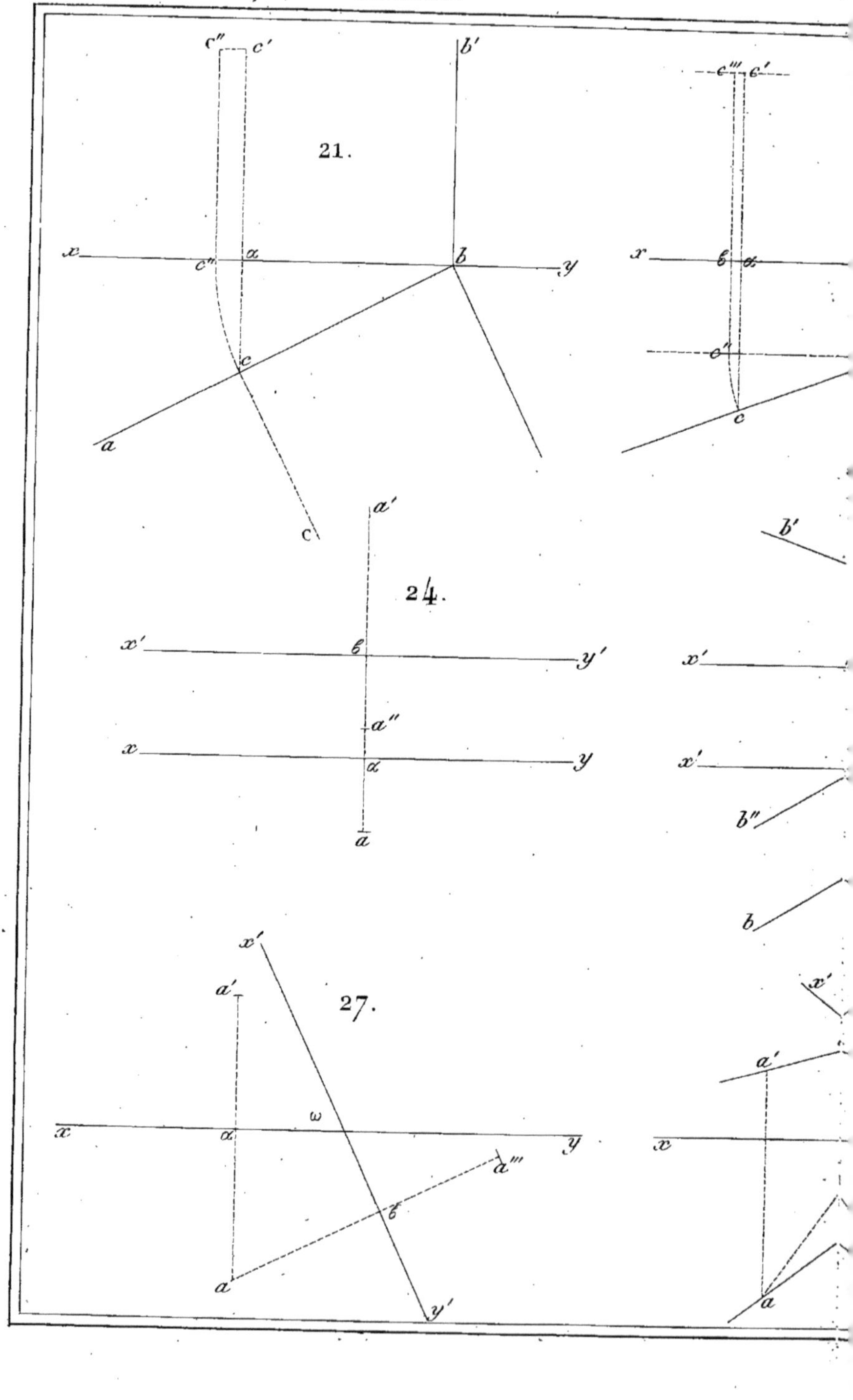

21.

24.

27.

23.
b′
b
y
b″
22.
q′
a′
b‴
α
a‴
x
y
B′
b
b′
a
A′
p
25.
a′
b
y′
a″
α
y
a
26.
q′
x′
b
y′
x
α
y
a″
p
28.
a″
b‴
y
y′
29.
x′
q′
q‴
x
α
γ
y
b
p
y′

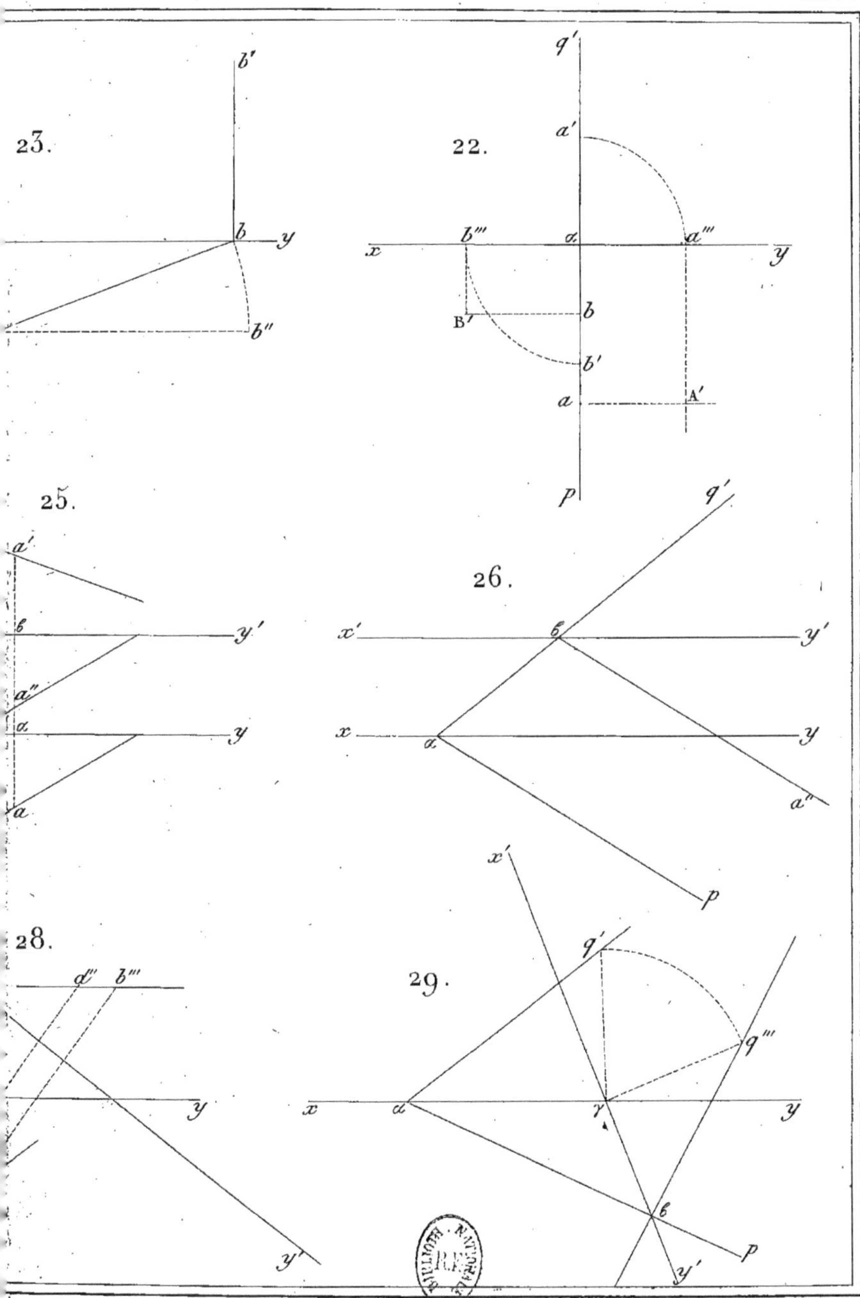

Lemaitre sc.

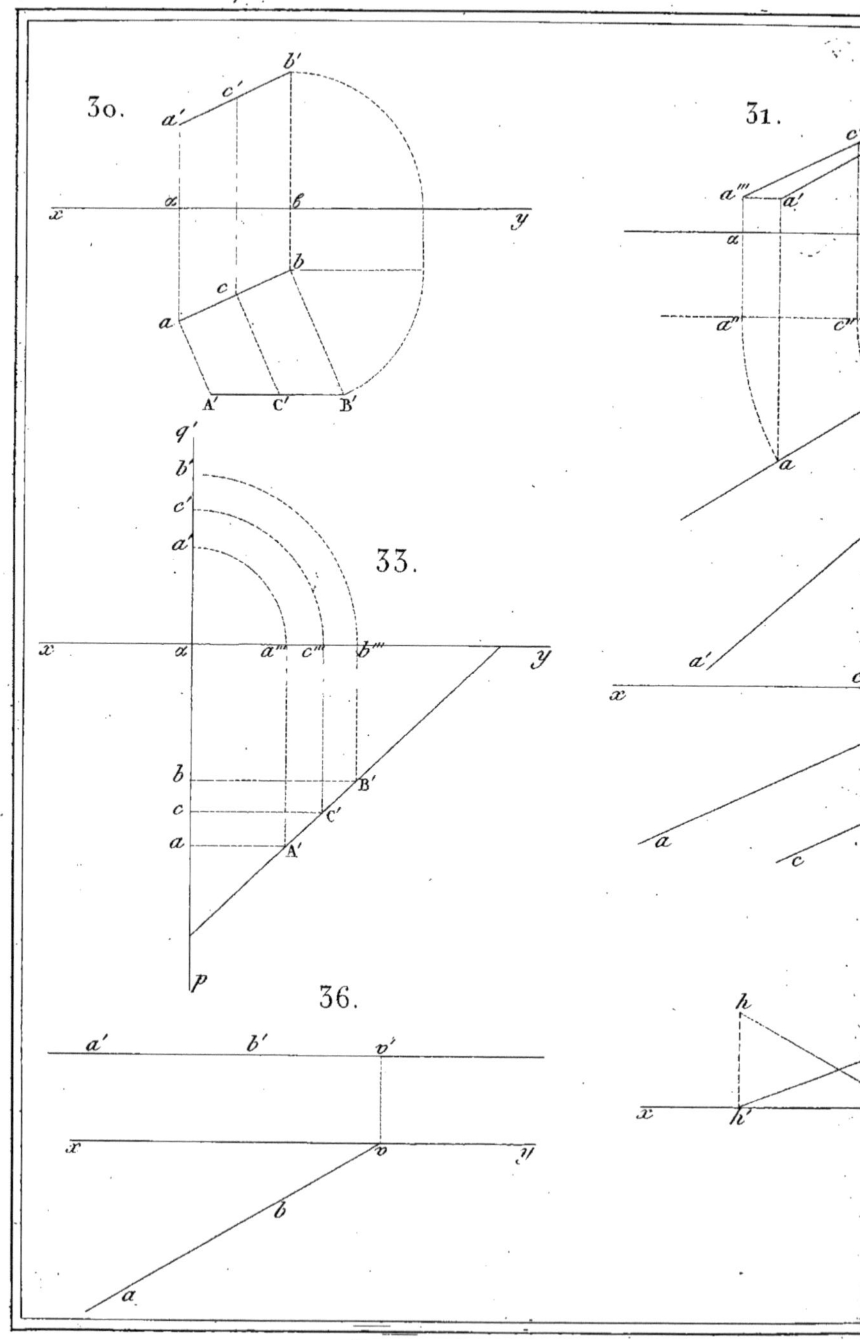
30.
31.
33.
36.

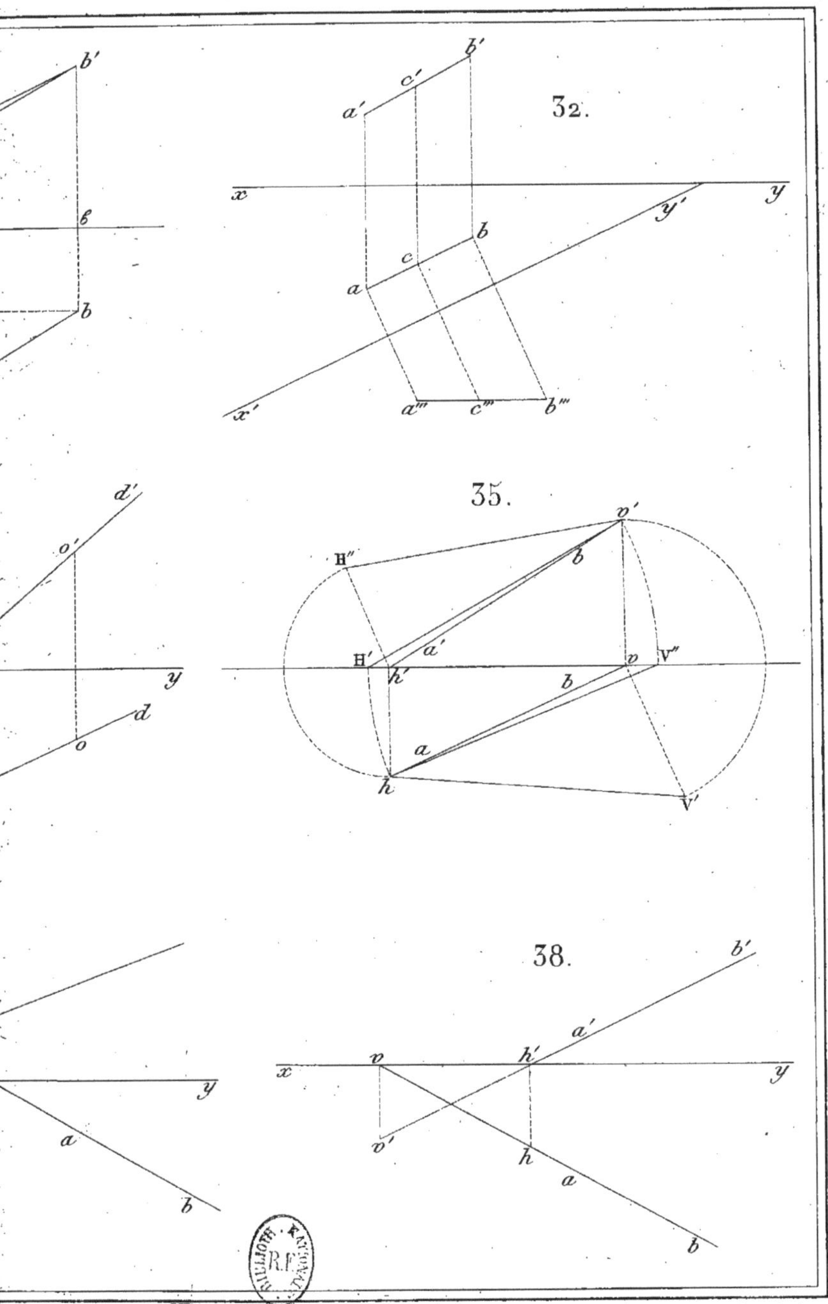

Lemaitre sc.

40.

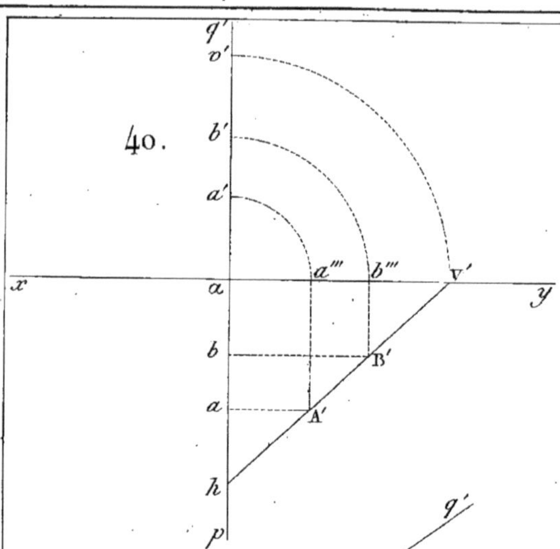

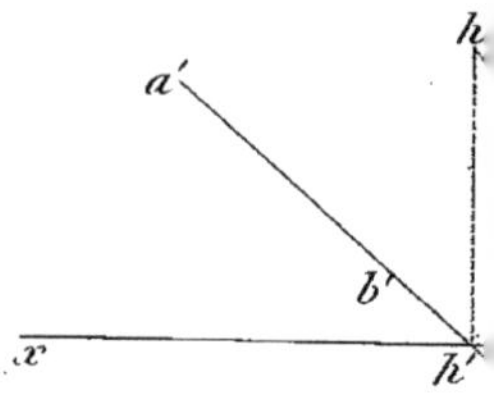

q′ v′ b′ a′ a‴ b‴ V′ x α y b B′ a A′ h p

a′ b′ h x h′

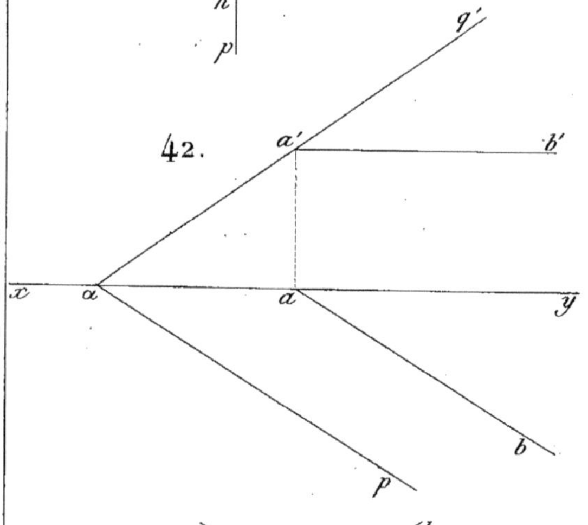

43.

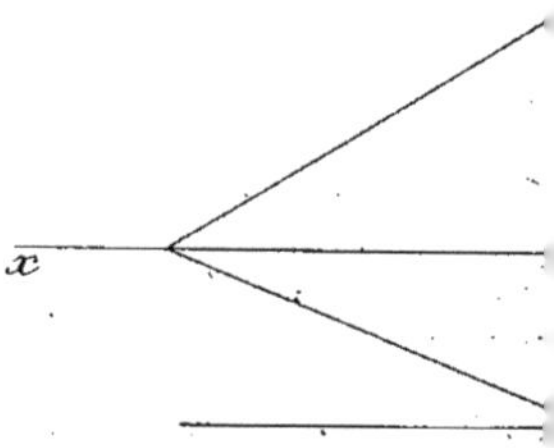

x

42.

q′ a′ b′ x α a y b p

44.

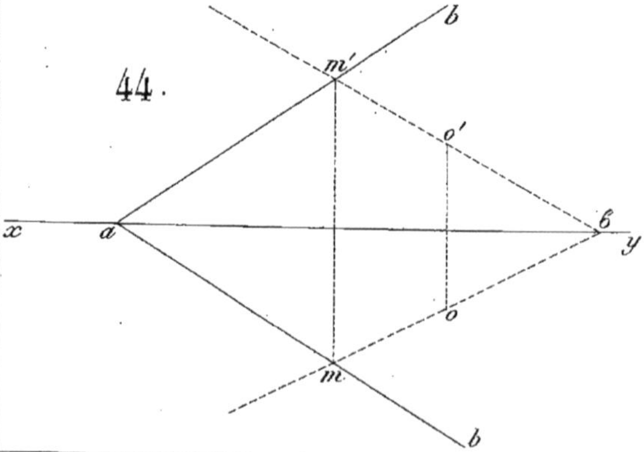

b m′ o′ x a b y o m b

46

o′ x α o

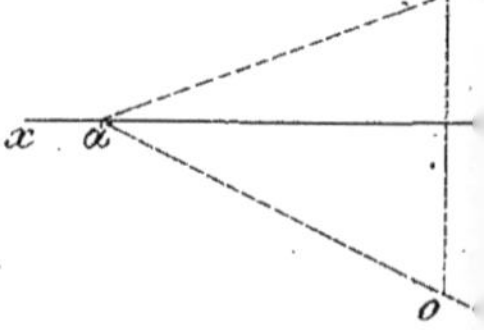

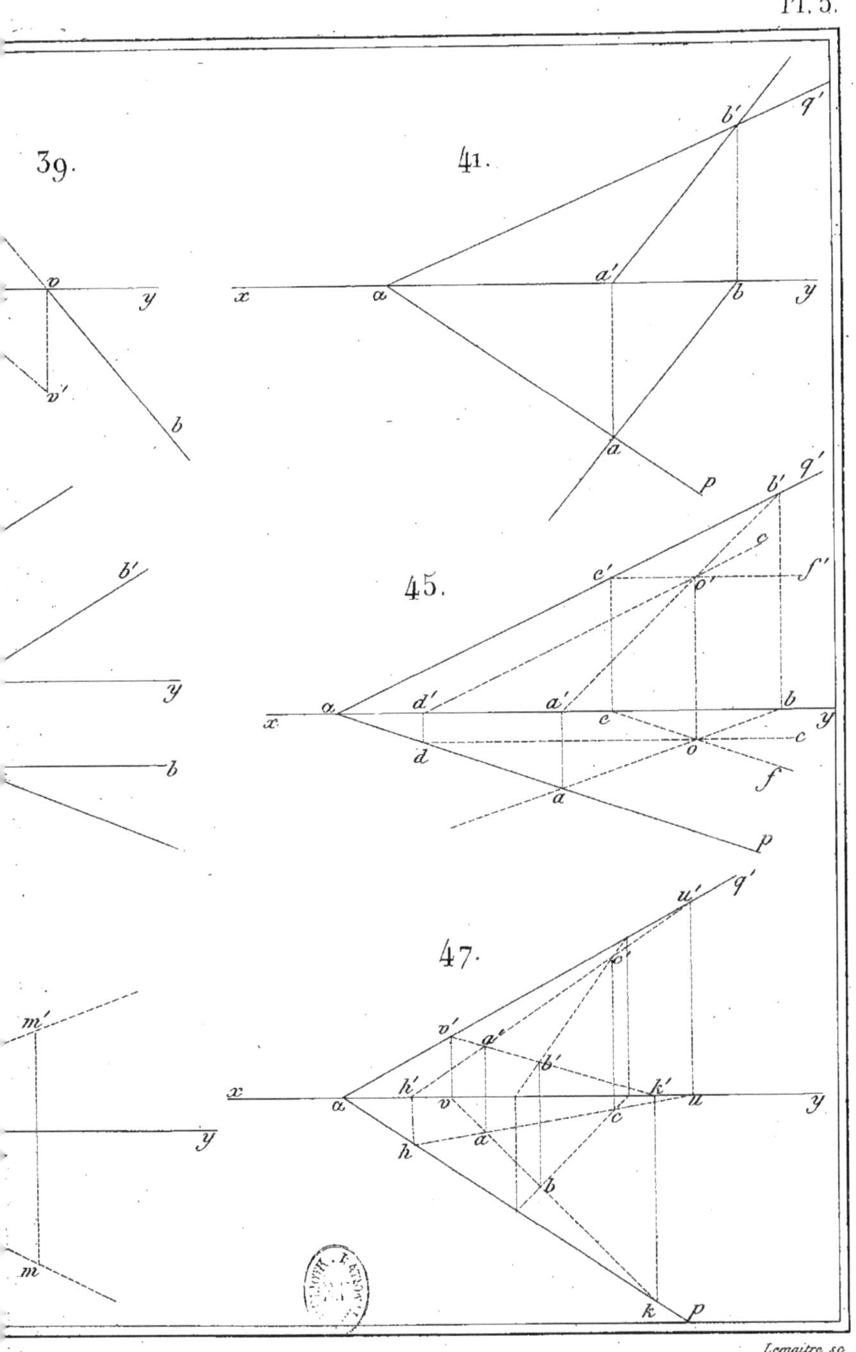

Lemaitre sc

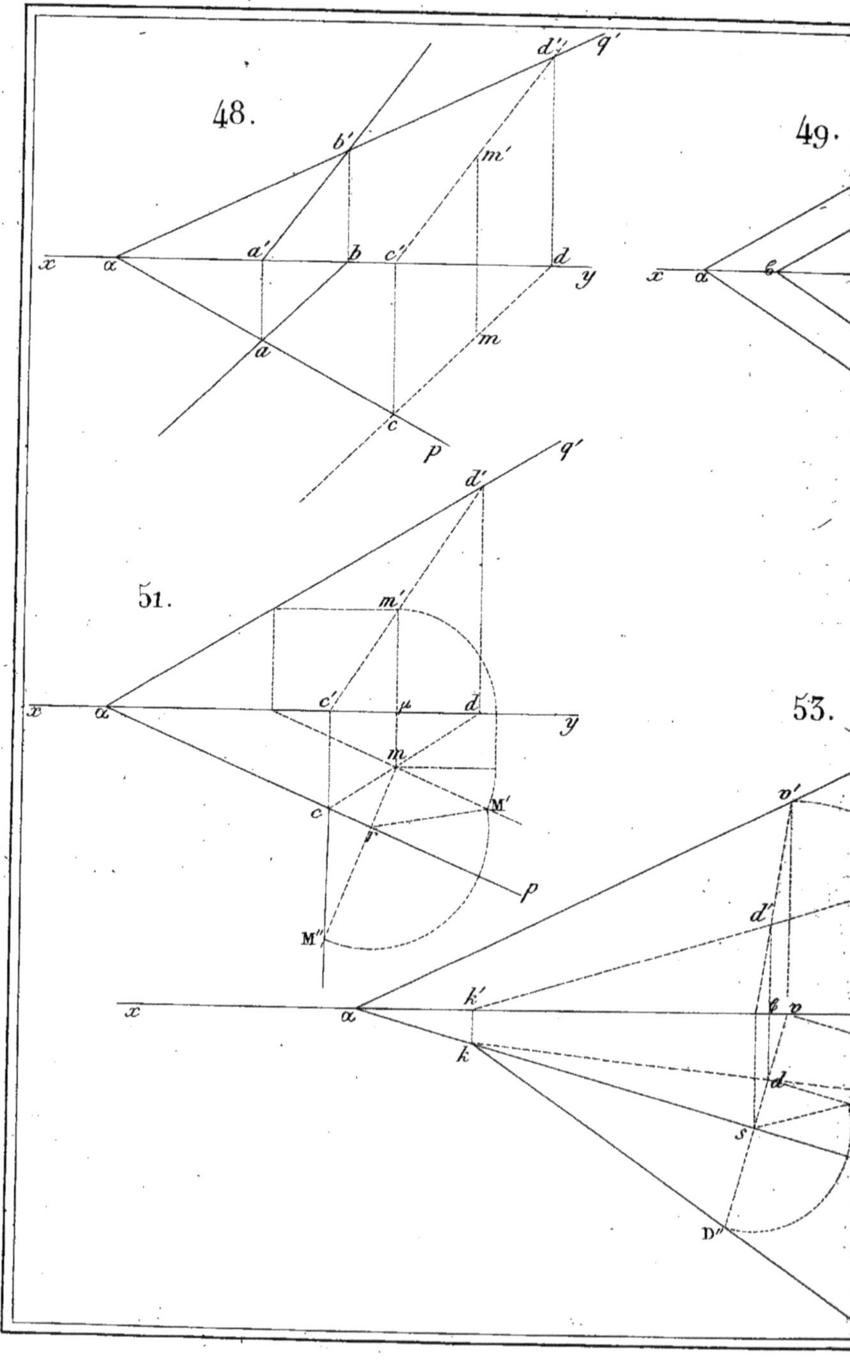
48.
49.
51.
53.
x
y
α
a'
b'
c'
d'
m'
q'
a
b
c
d
m
p
μ
M'
M''
k'
k
v'
v
s
D''

Pl. 6.

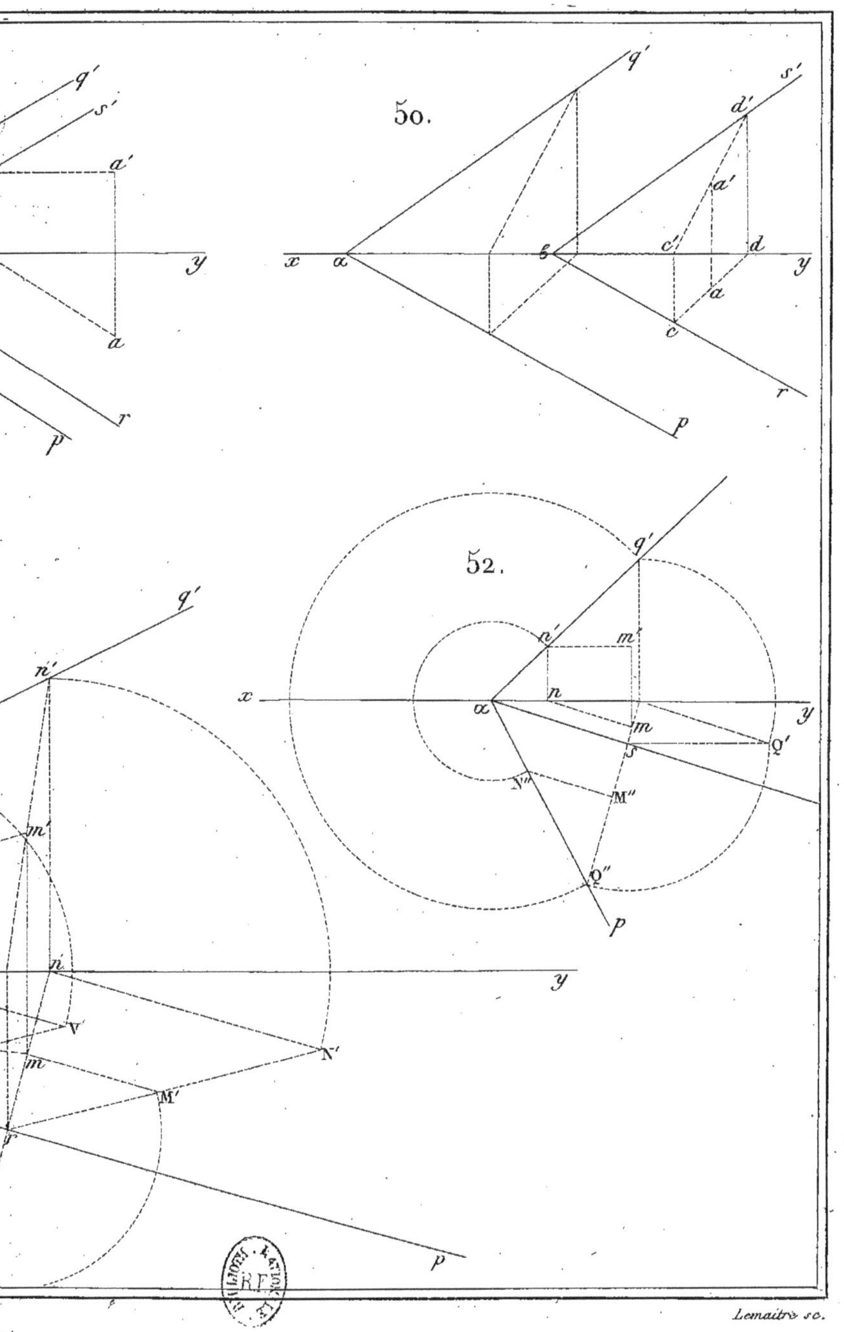

Lemaitre sc.

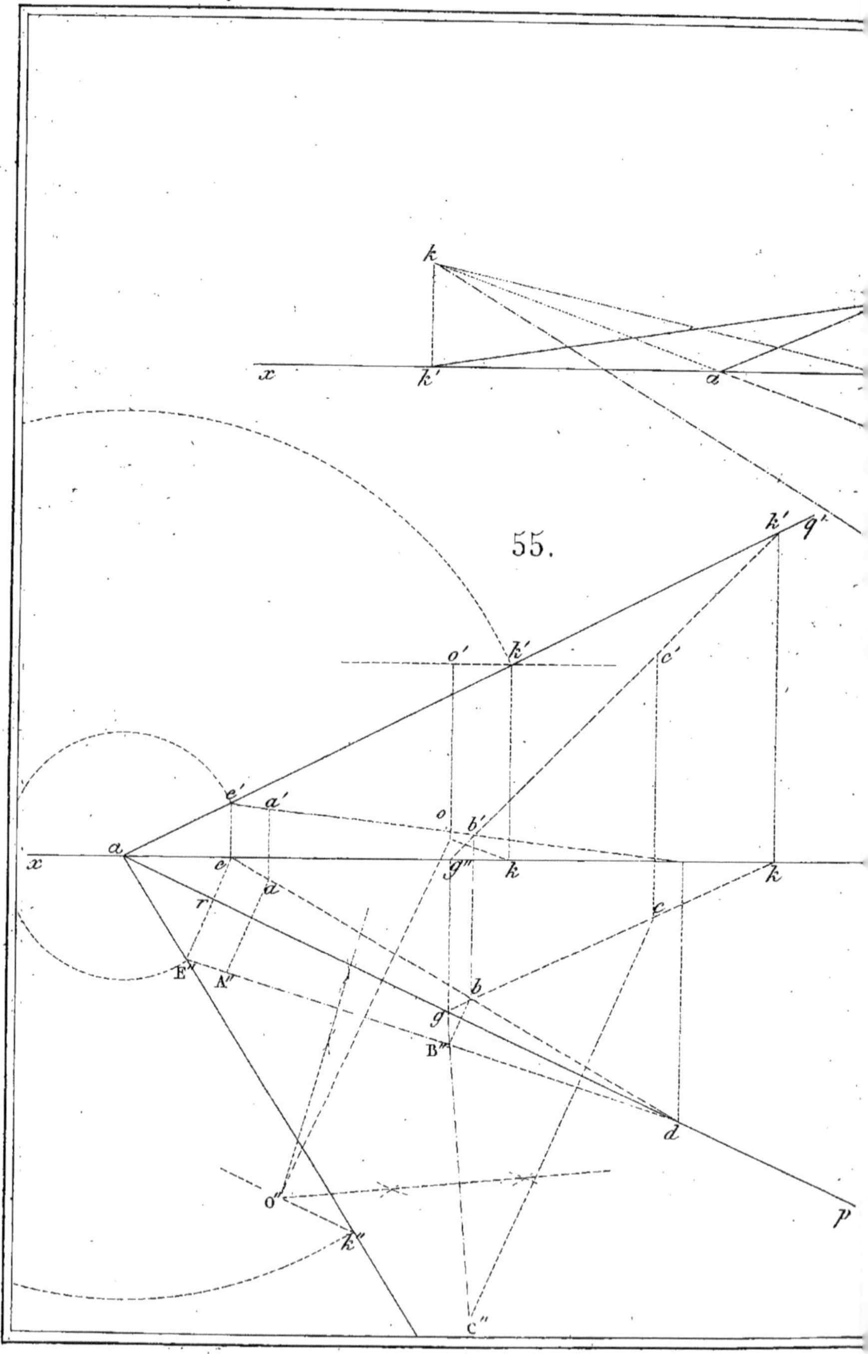

55.

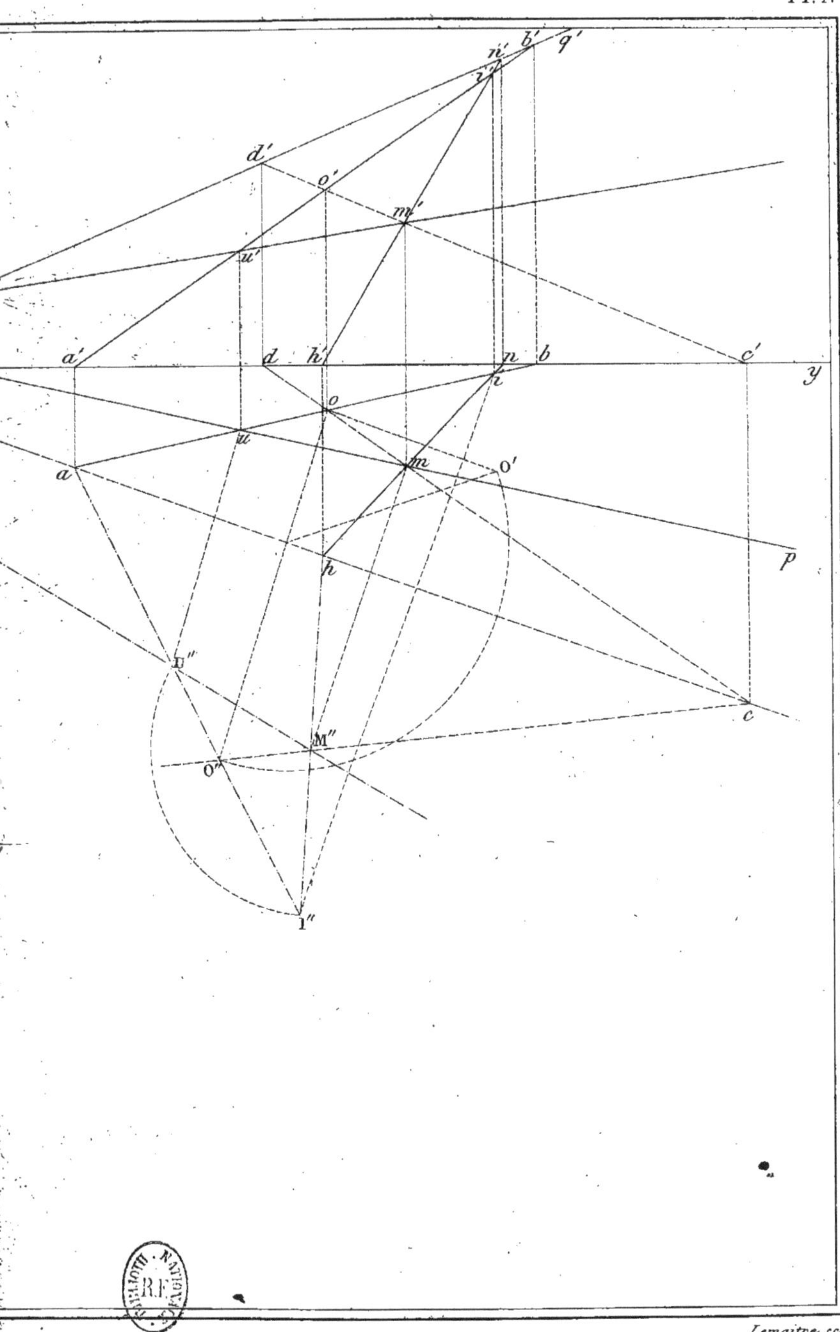

Lemaitre sc.

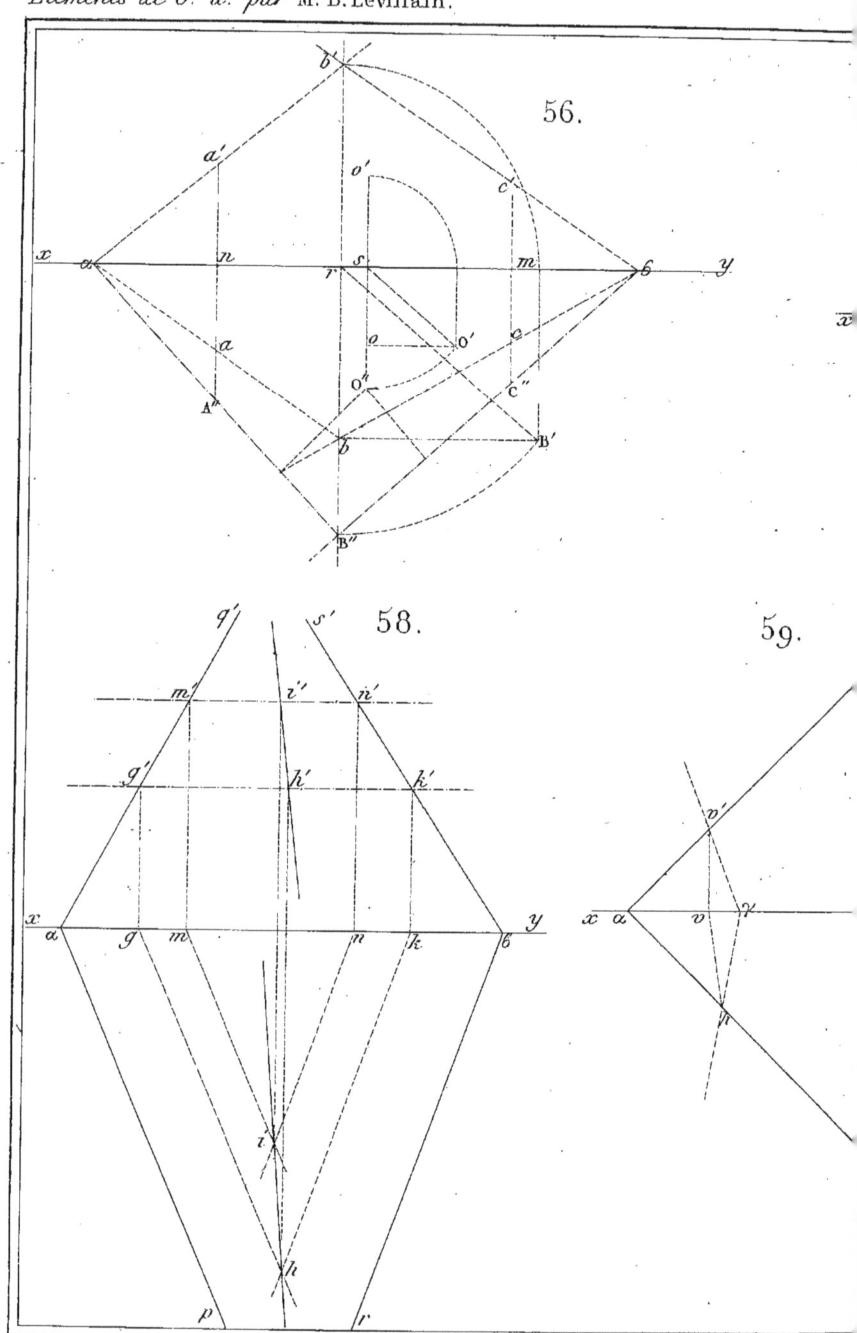
56.
58.
59.
b'
a'
o'
c'
x
a
n
s
r
m
6
y
a
o
o'
c
o''
c''
A''
b
B'
B''
q'
s'
m'
i''
n'
g'
h'
k'
x
α
g
m
n
k
6
y
i
h
p
r
x
α
v'
v
γ
p

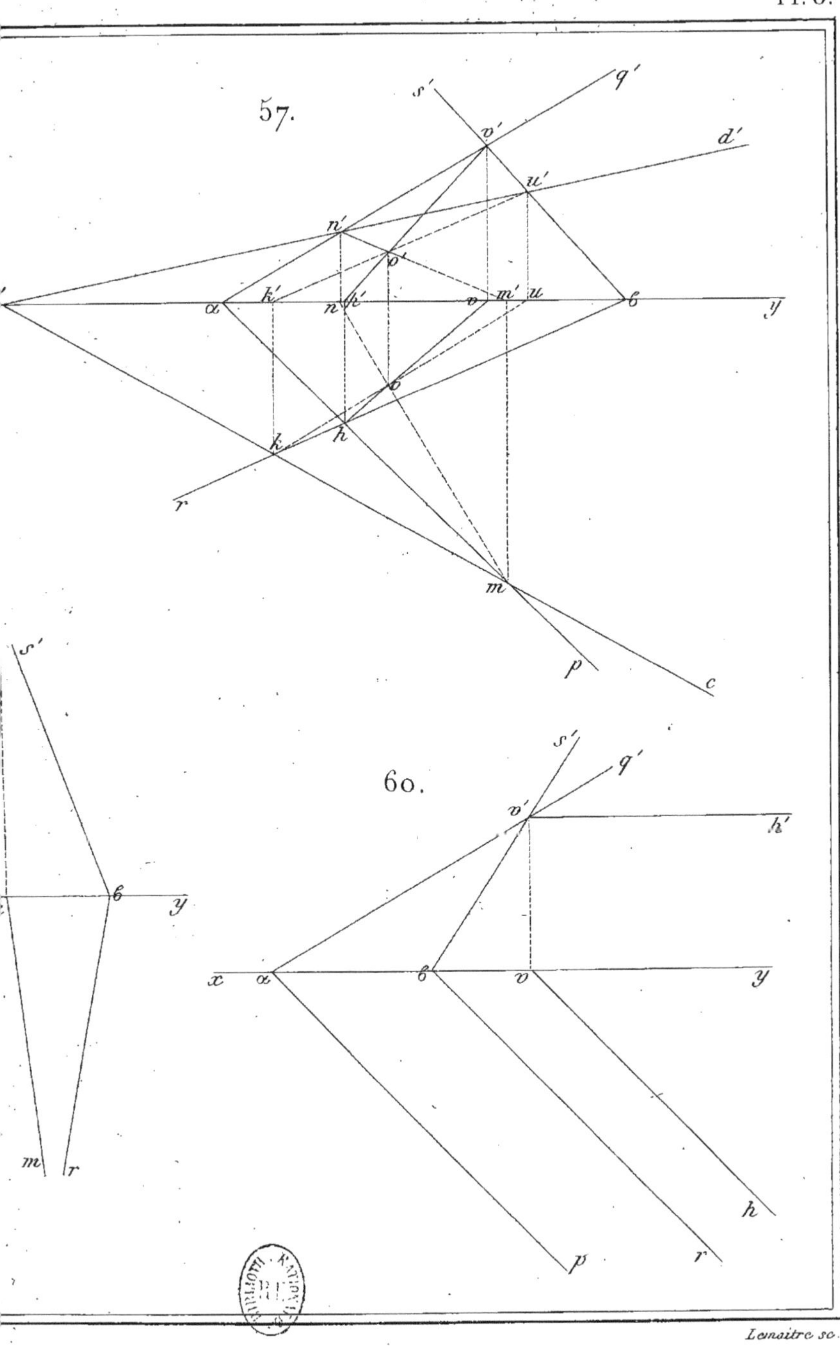

Lemaitre sc.

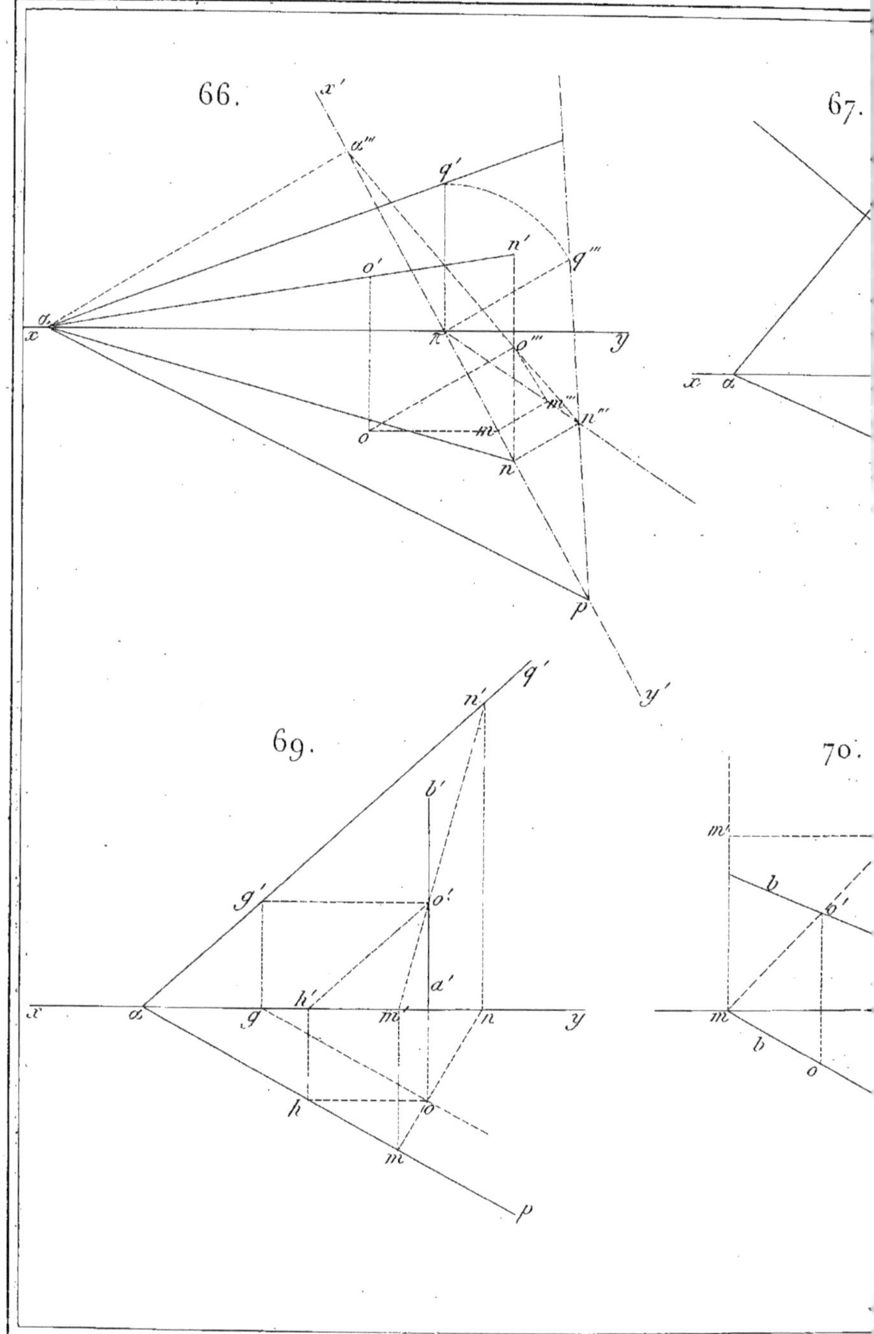
66.
x'
a'''
q'
n'
q'''
o'
a
x
n
y
o'''
m'''
n''
o
m
n
p
y'
67.
x
a
69.
q'
n'
b'
g'
o'
a'
x
a
g
h'
m'
n
y
h
o
m
p
70.
m'
b
o'
m'
b
o

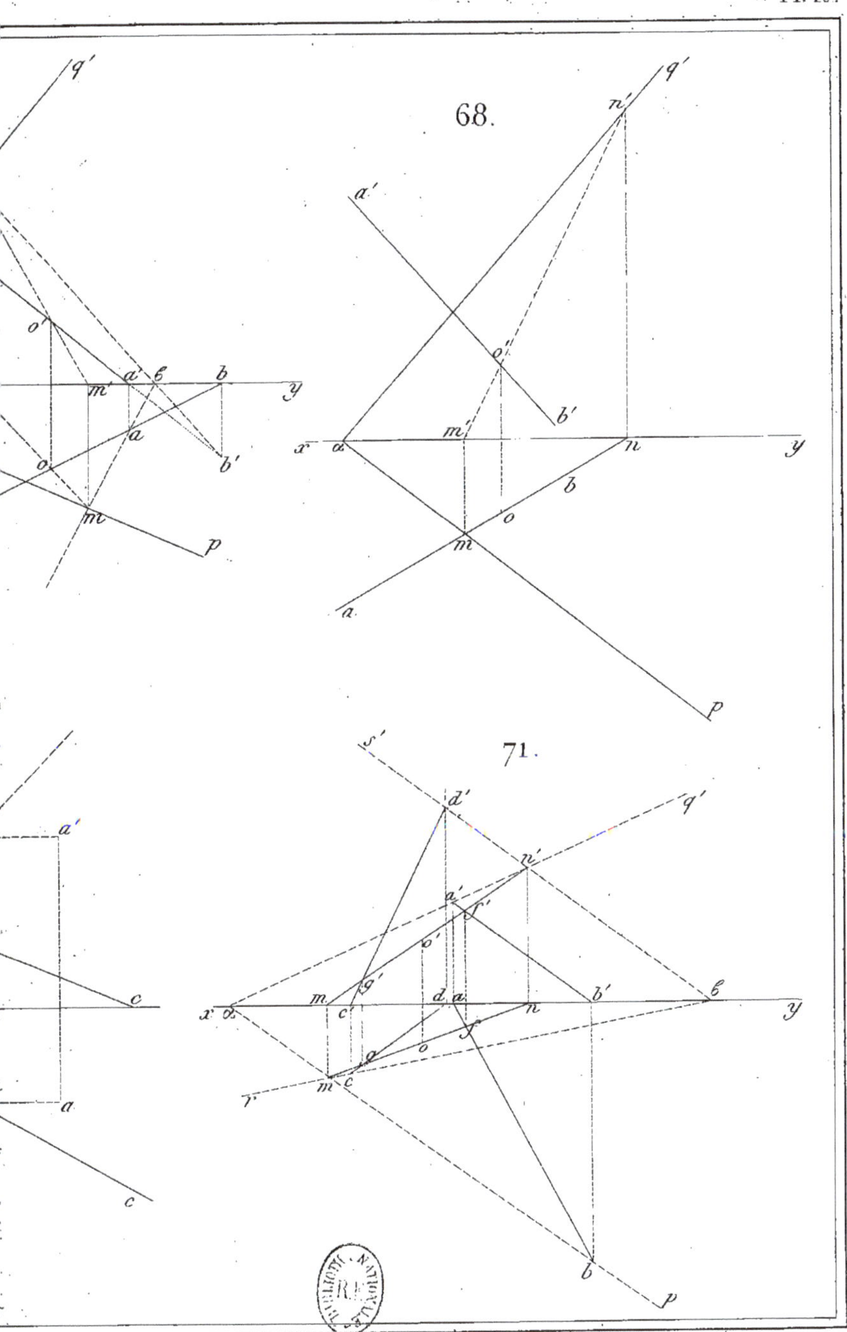

Lemaitre sc.

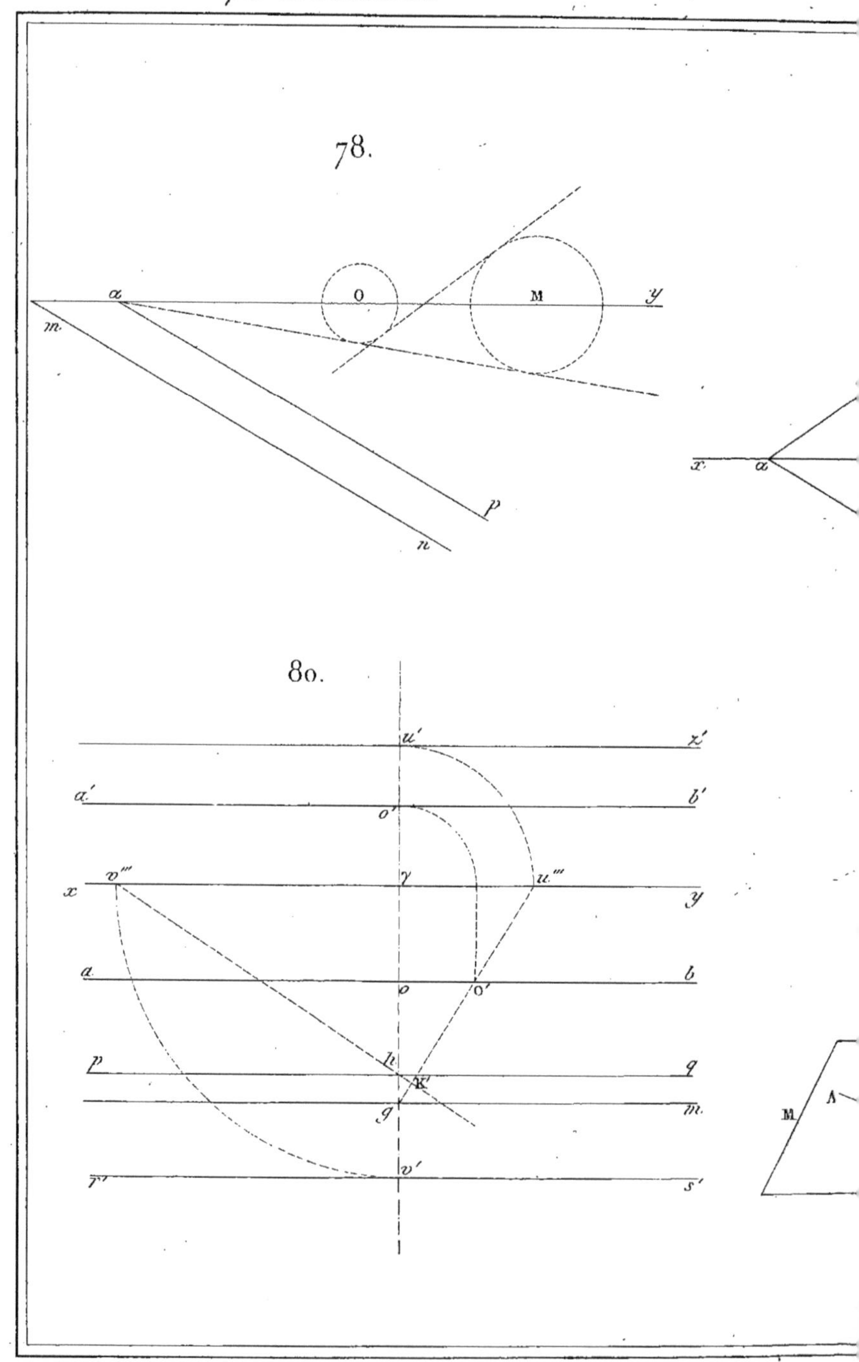

78.
a
o
M
y
m
p
n
x
a
80.
u'
z'
a'
b'
o'
x
v'''
γ
u'''
y
a
b
o
O'
p
h
q
K'
g
m
v'
r'
s'
M
A

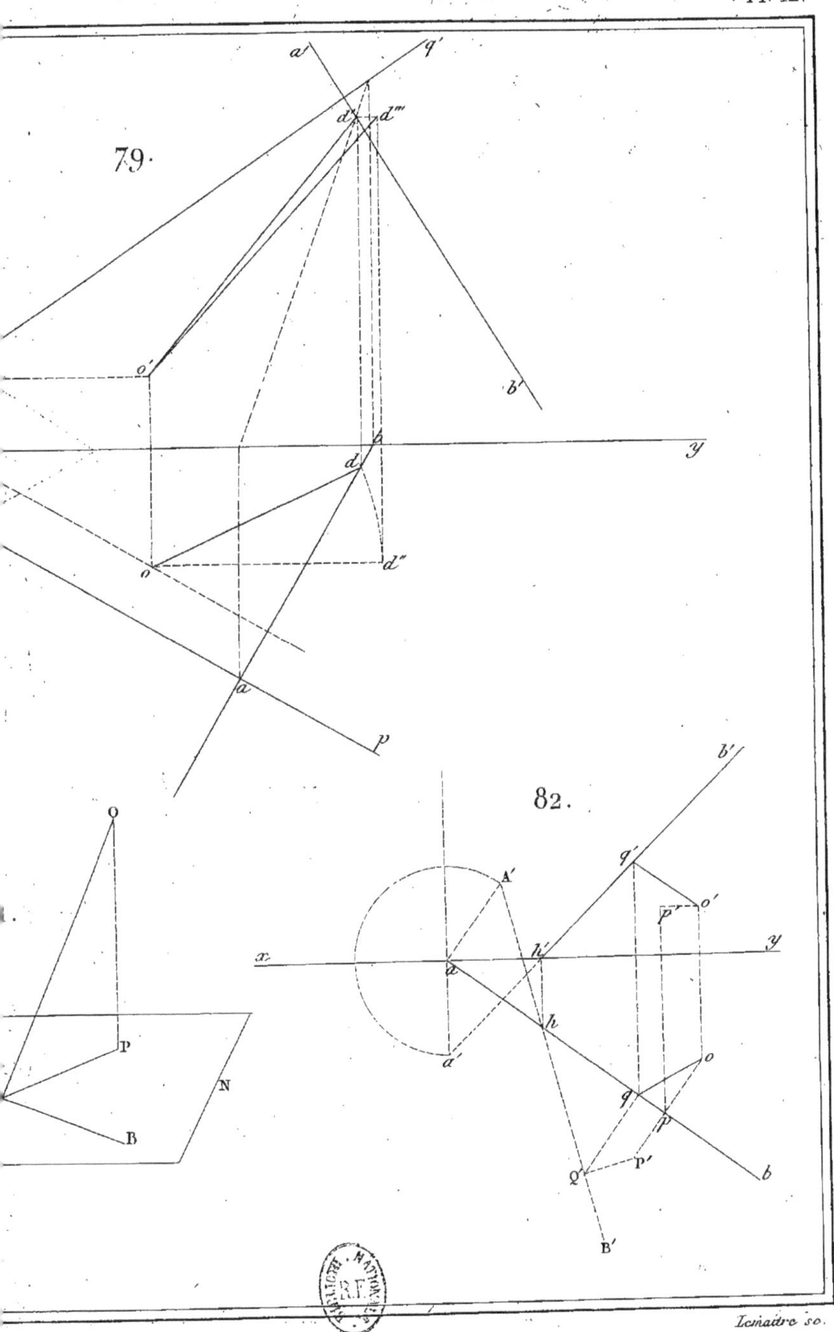

Lemaître sc.

83. 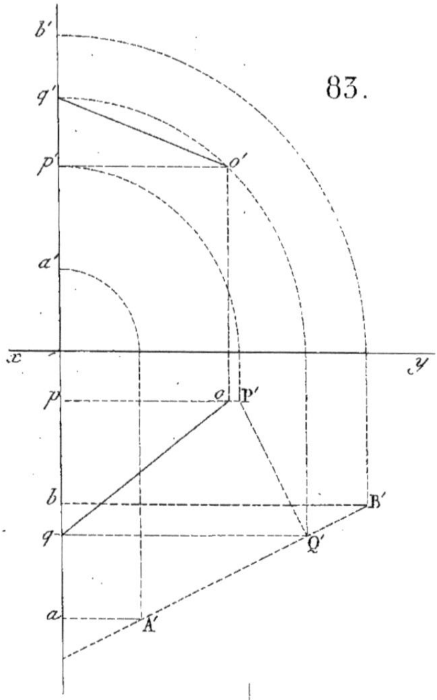 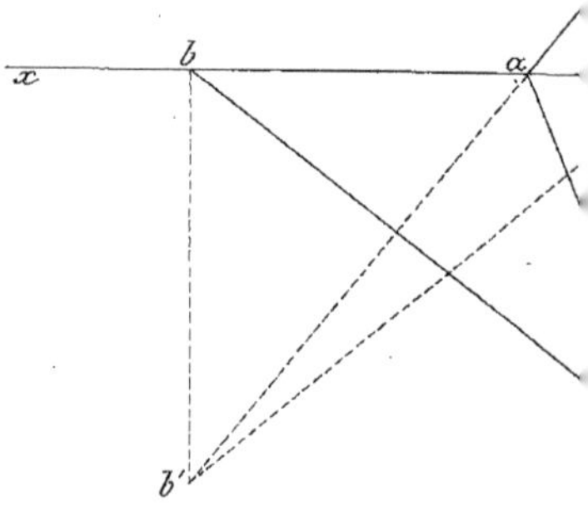
b'
q'
p'
o'
a'
x
y
p
o
P'
b
B'
q
Q'
a
A'
x
b
α
b'
85.
c'
b'
p'
o'
e'
p'''
o'''
x
b
α
f'
a'
d'
y
Q'
o
p
E'
P
F'
B'
Q
a
A'
C'
P
D'

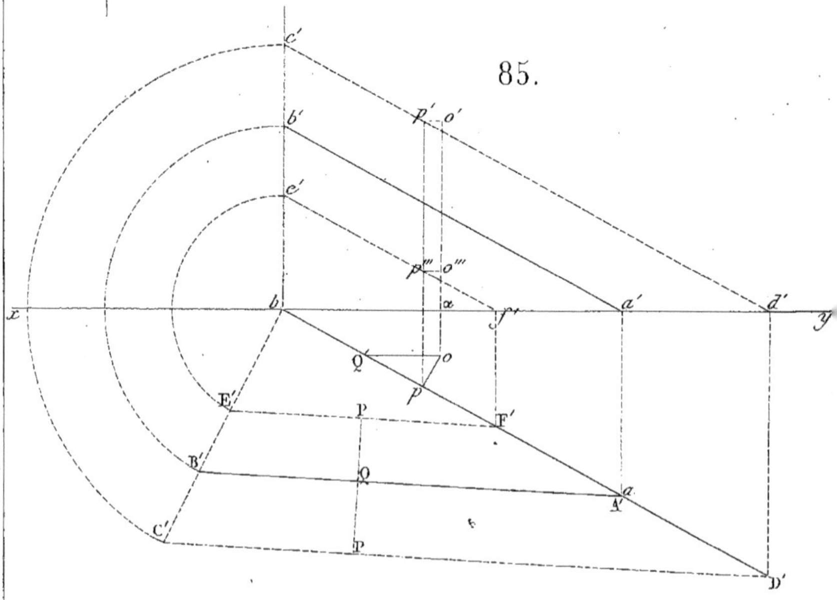

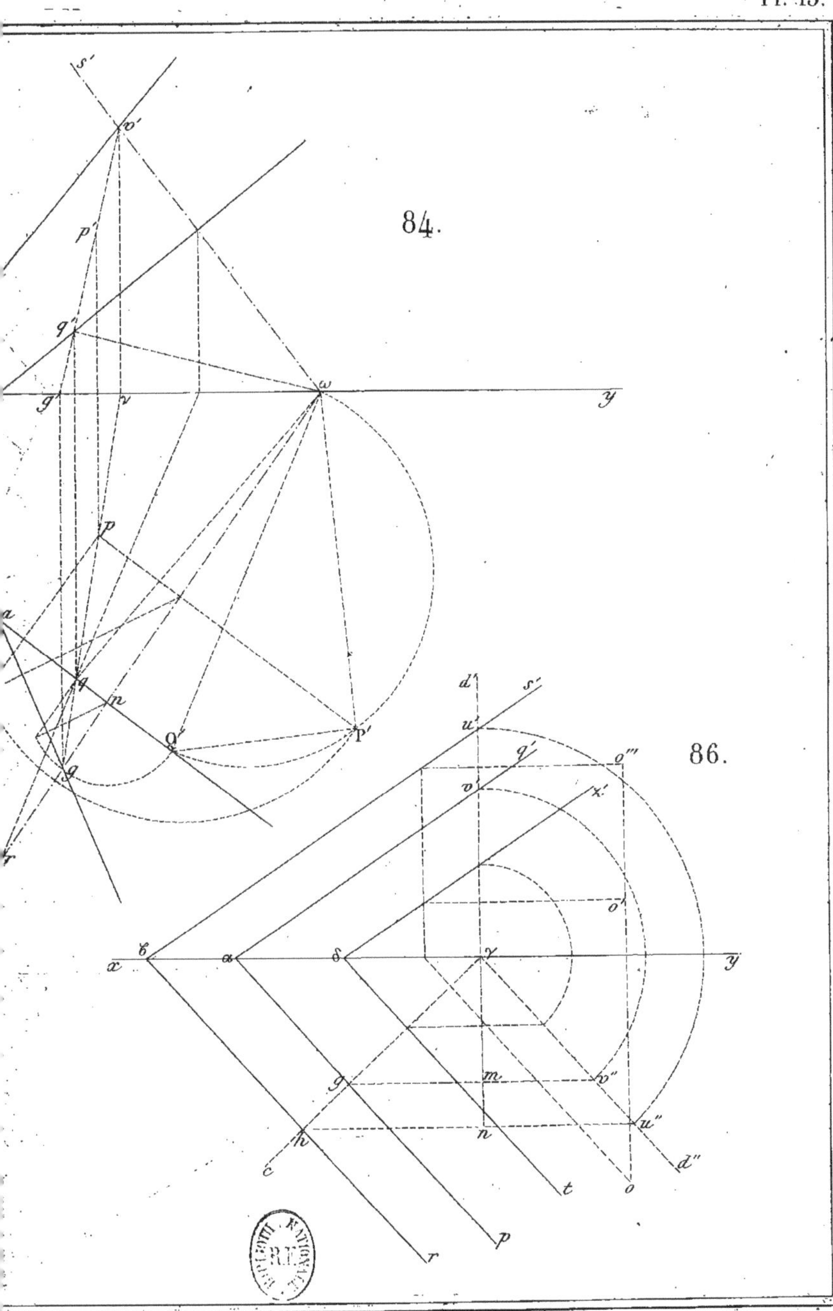

Lemaitre sc.

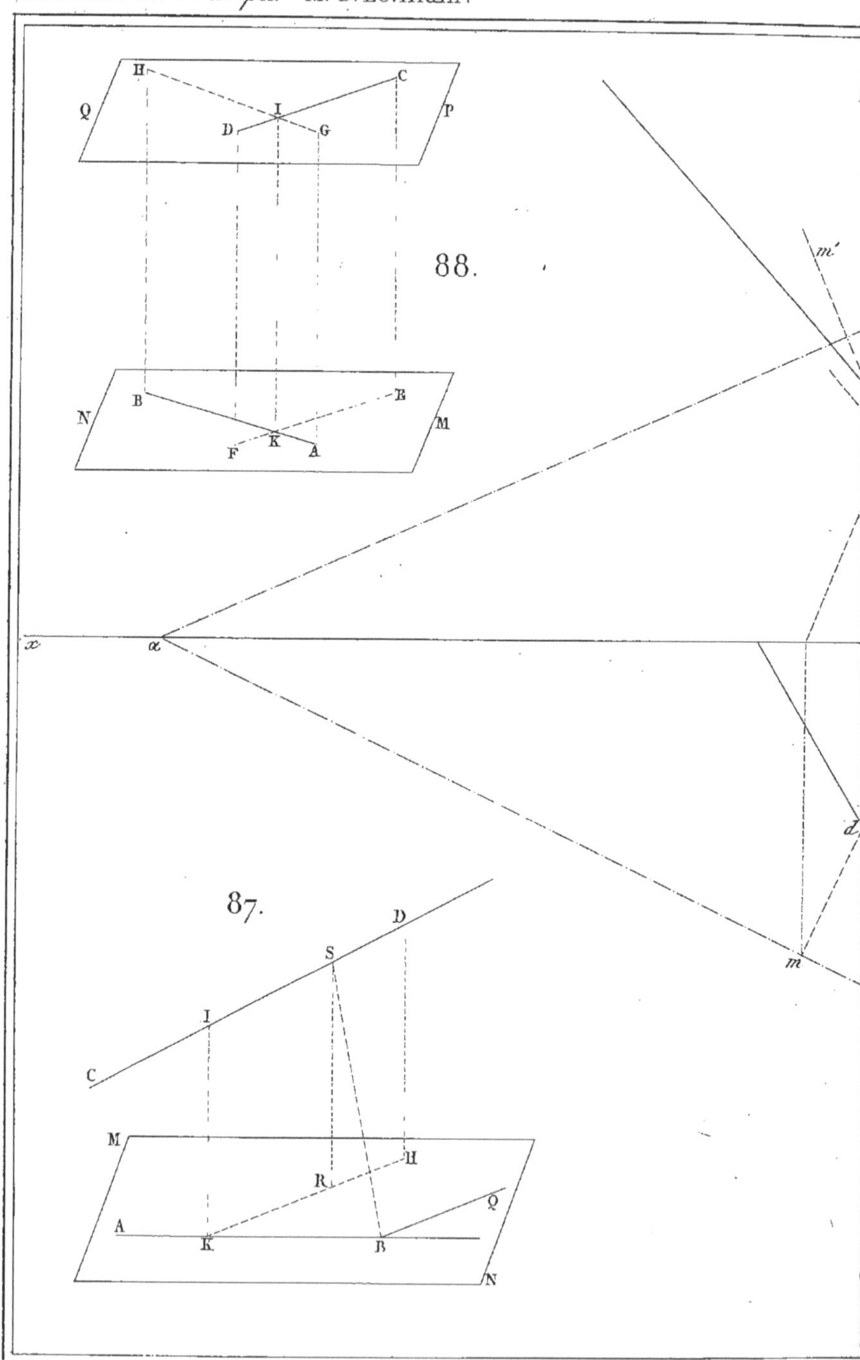

H
C
Q
I
P
D
G
88.
m'
B
E
N
M
K
F
A
x
α
d
m
87.
D
S
I
C
M
H
R
Q
A
K
B
N

Pl. 14.

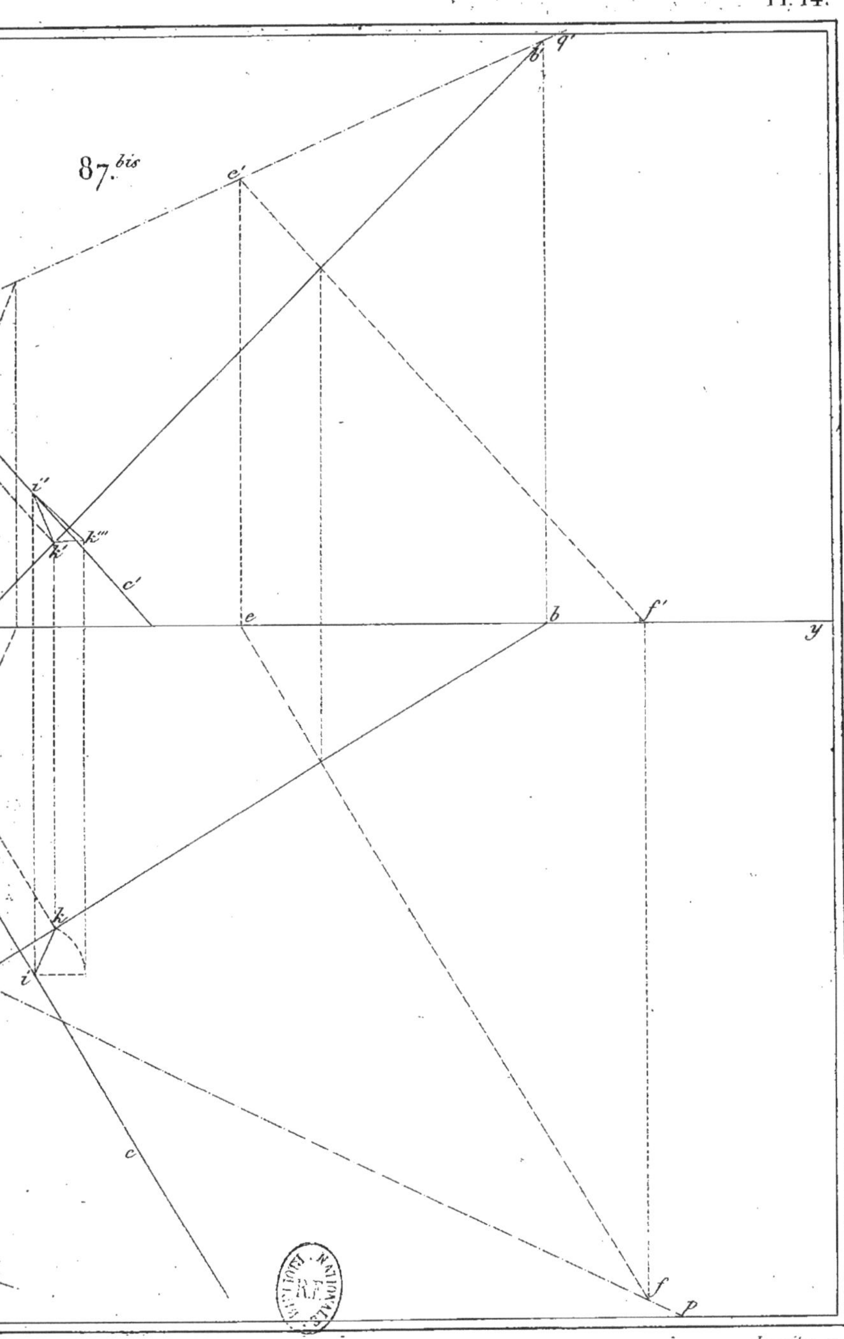

Lemaitre sc.

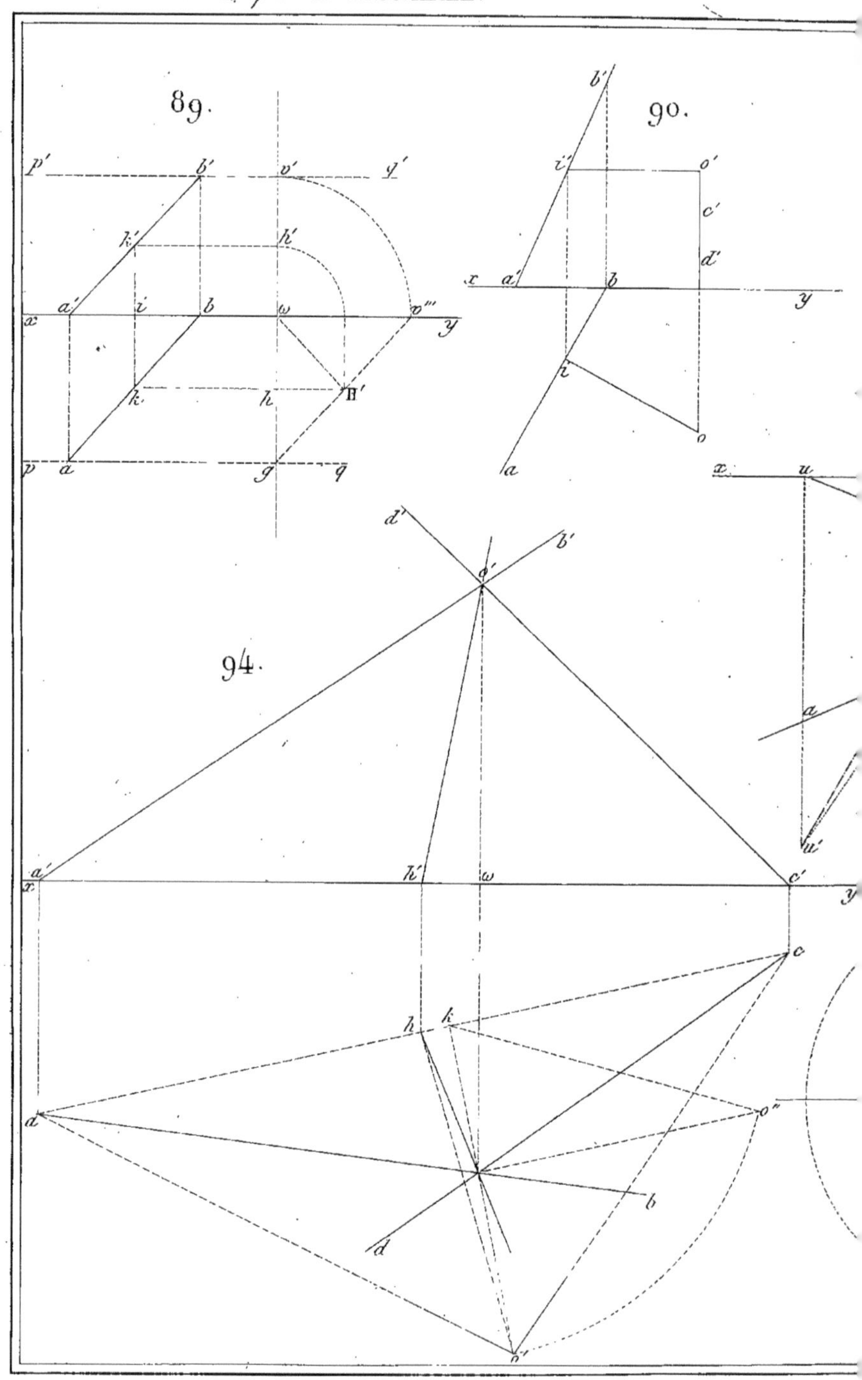
89.
90.
94.

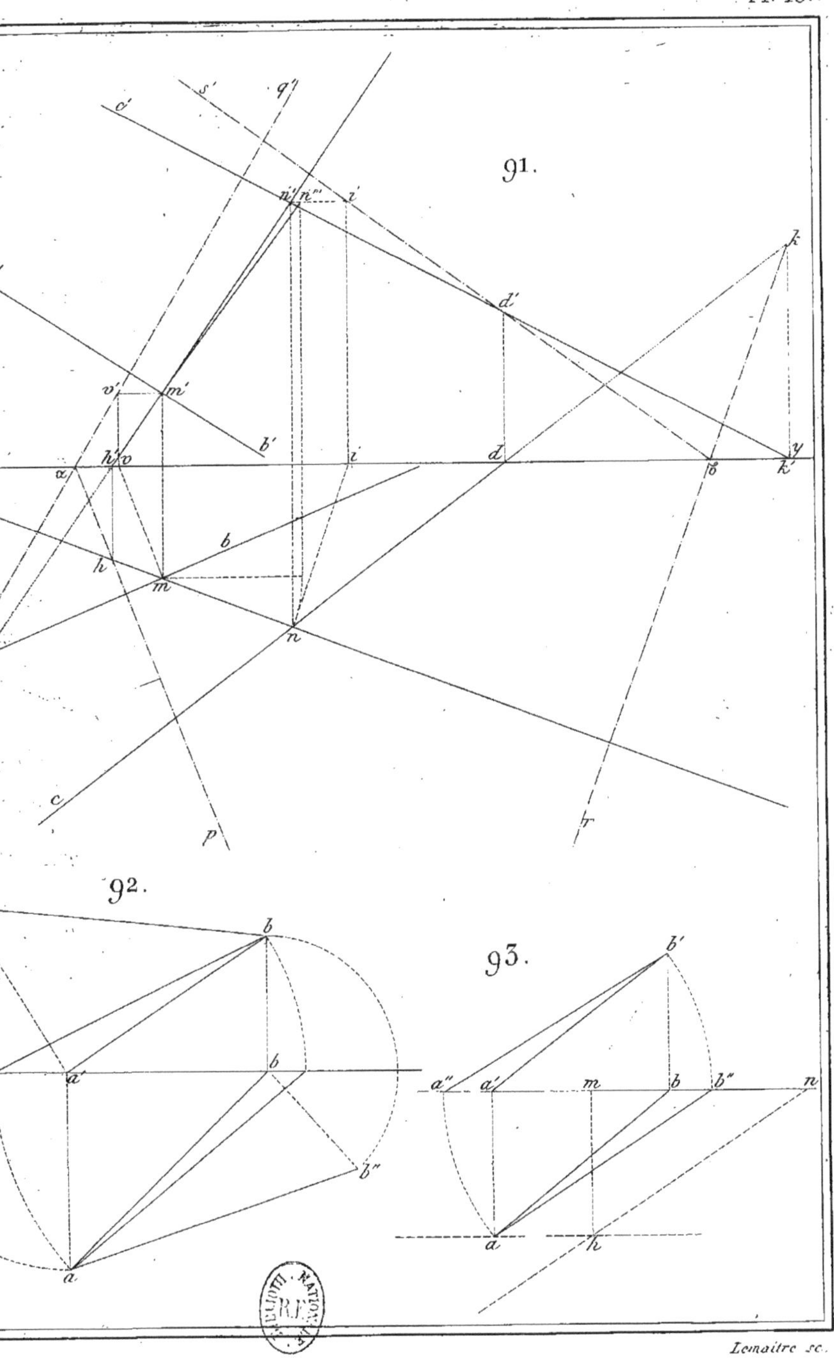

Lemaitre sc.

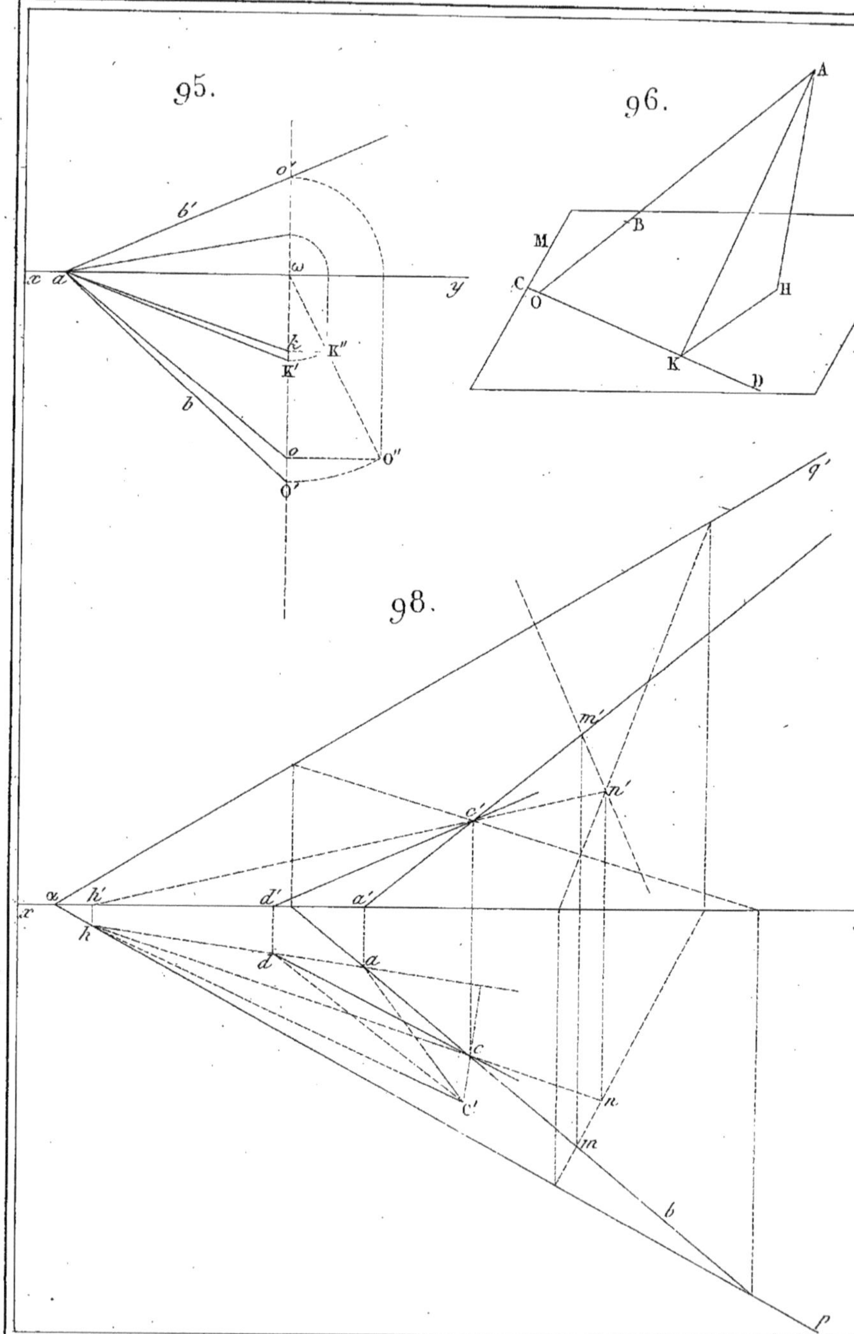
95.
o'
b'
x a
ω
y
k
K''
K'
b
o
O''
O'
96.
A
B
M
C
O
H
K
D
98.
q'
m'
n'
c'
α
h'
d'
a'
x'
h
d
a
c
C'
n
m
b
p

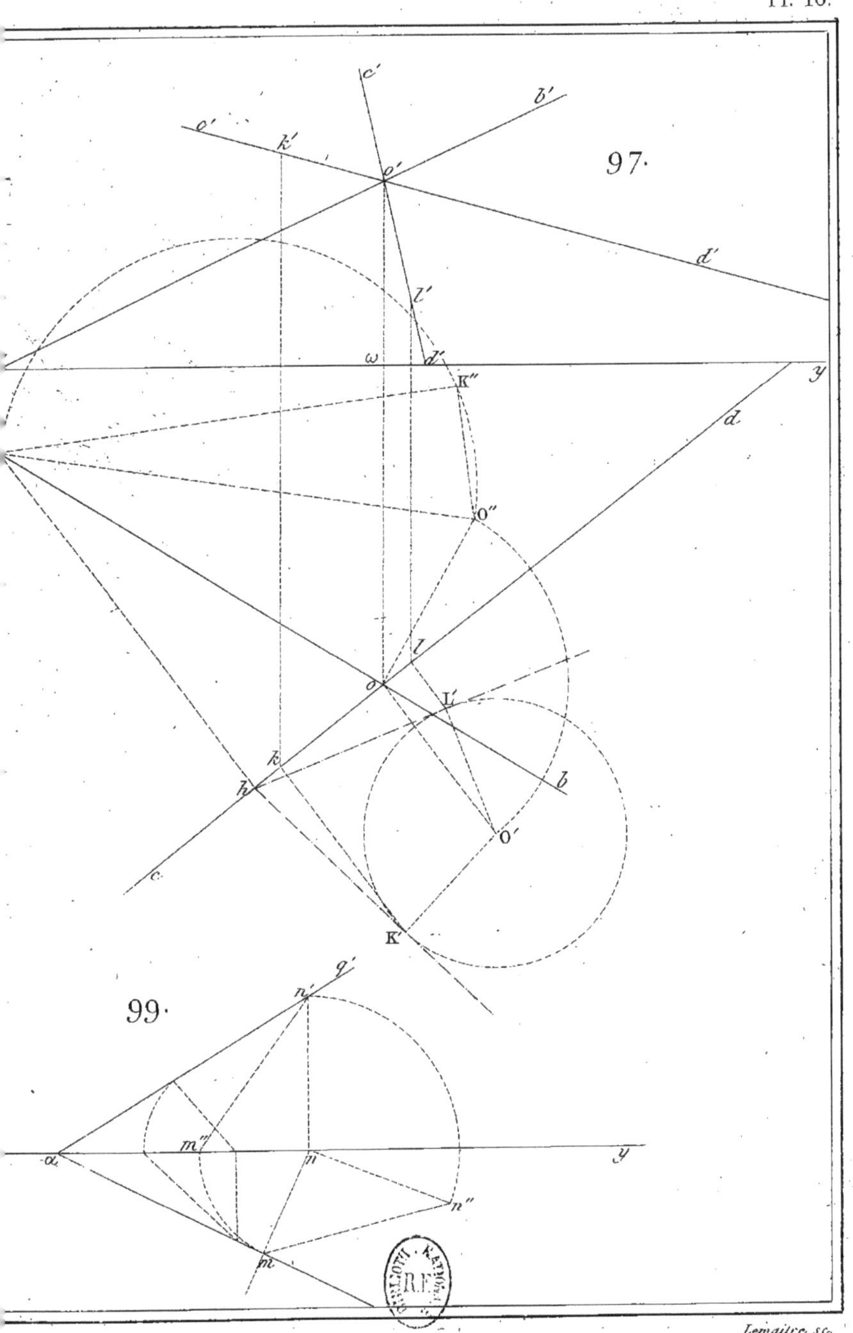

Lemaitre sc.

100.

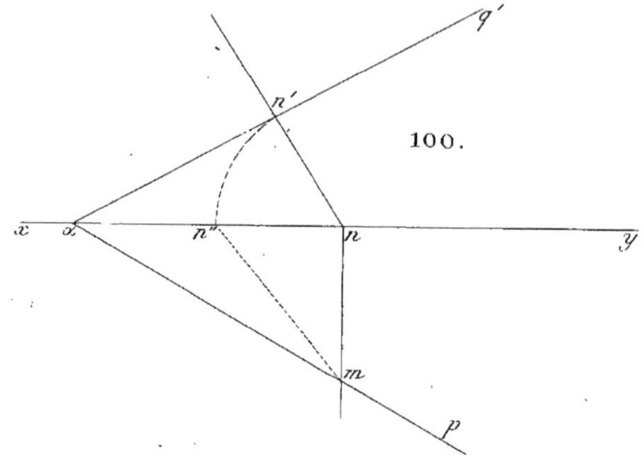

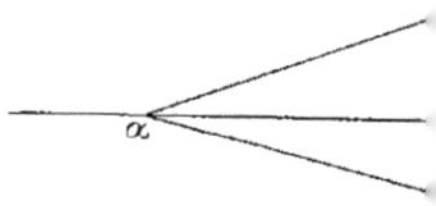

101.

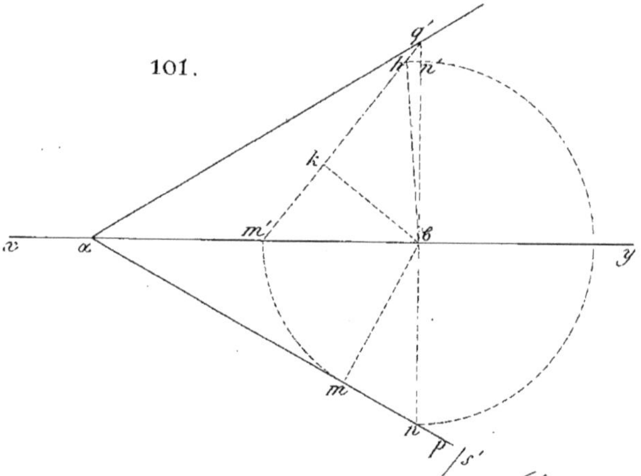

103.

104.

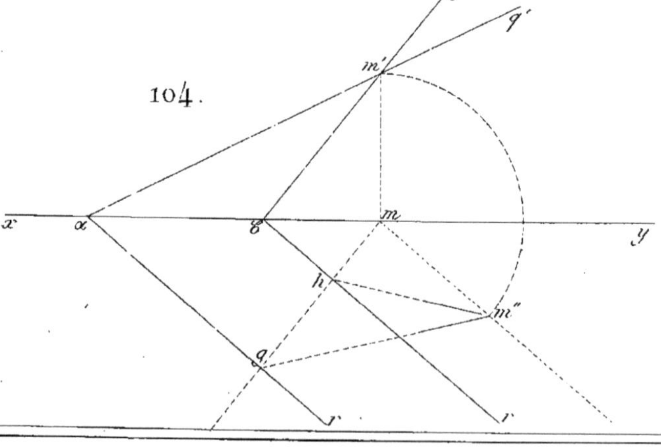

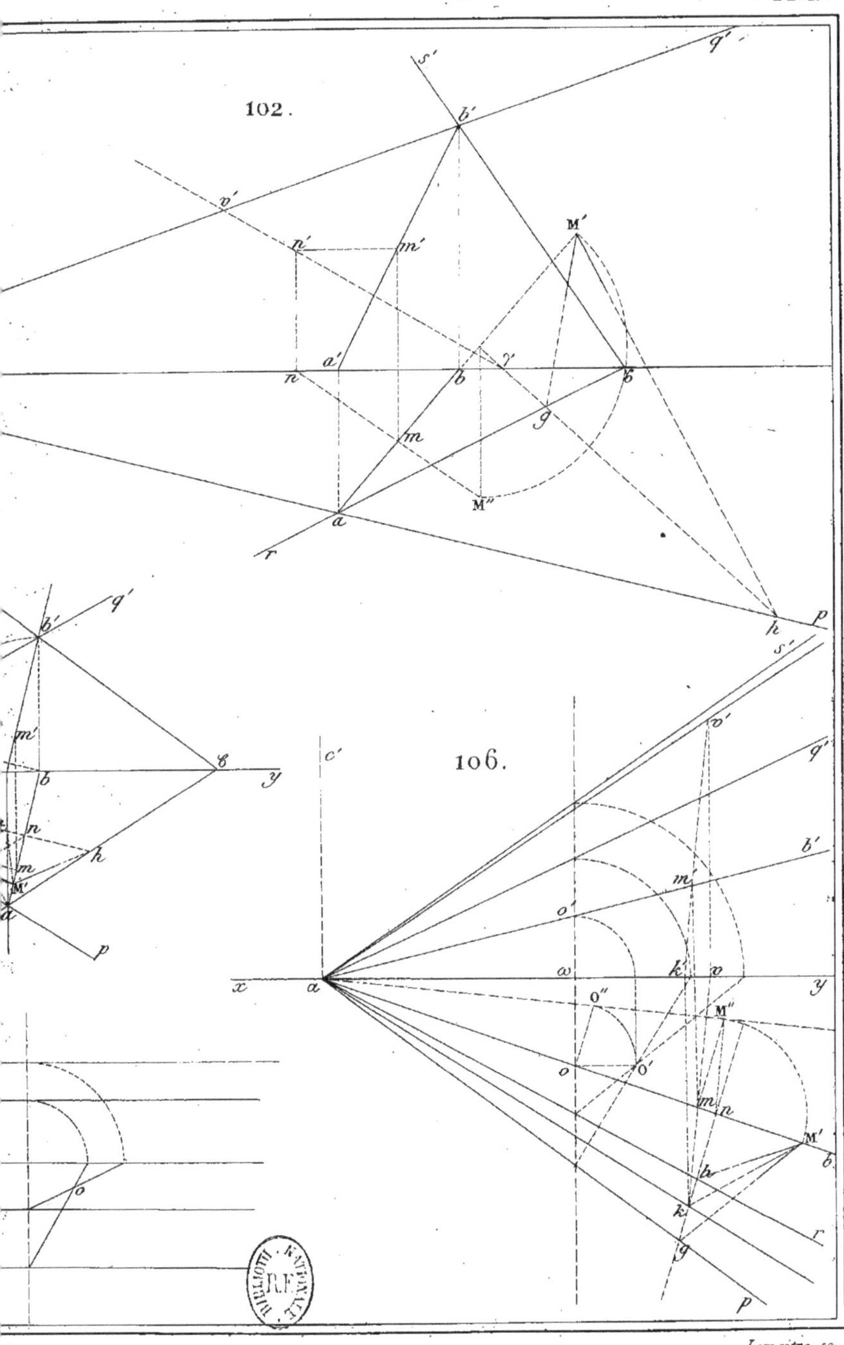

Lemaitre sc.

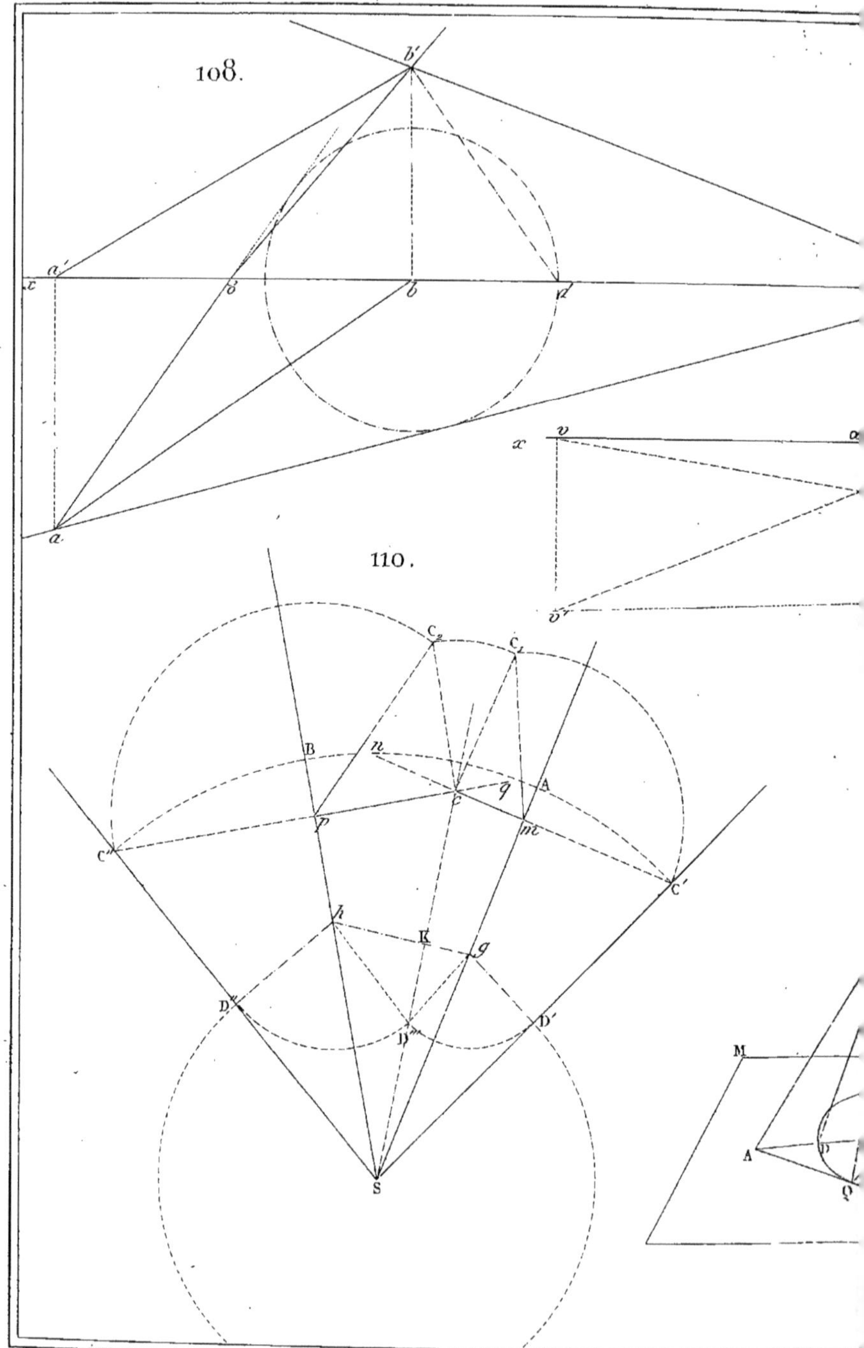
108.
b′
a′
x
δ
b
d
a
x
v
v′
110.
C₂
C₁
B
n
q
A
c
p
m
C″
C′
h
K
g
D″
D‴
D′
S
M
A
Q

109.
b'''
b'
p'
a'
y
a
n'
h'
h
k'
v
u
y
k
p
a
u'
p''
b
A''
B'
g
m
P'
D
A'
111.
C₁
C₂
A
n
c
m
C'
B
p
C
S
107.
H
N

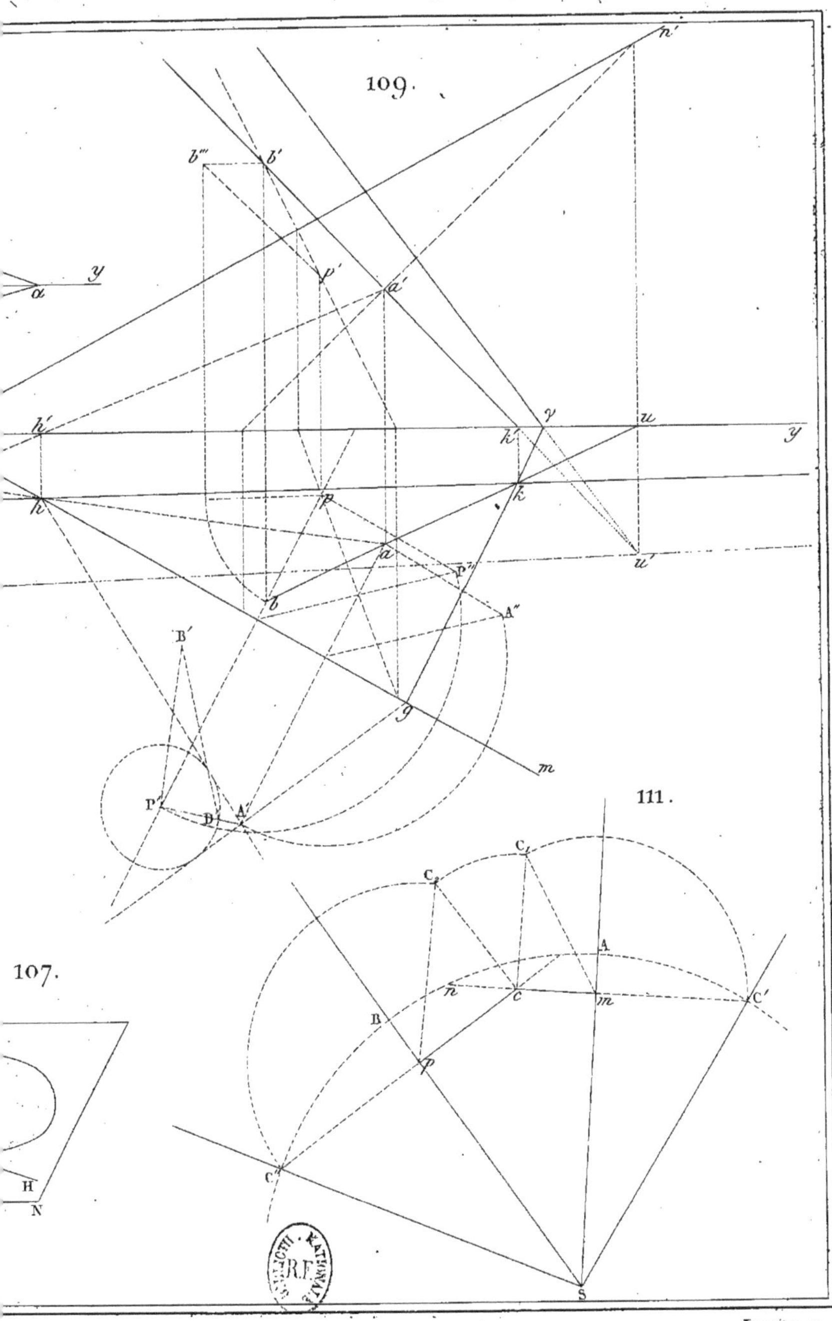

Lemaitre sc.

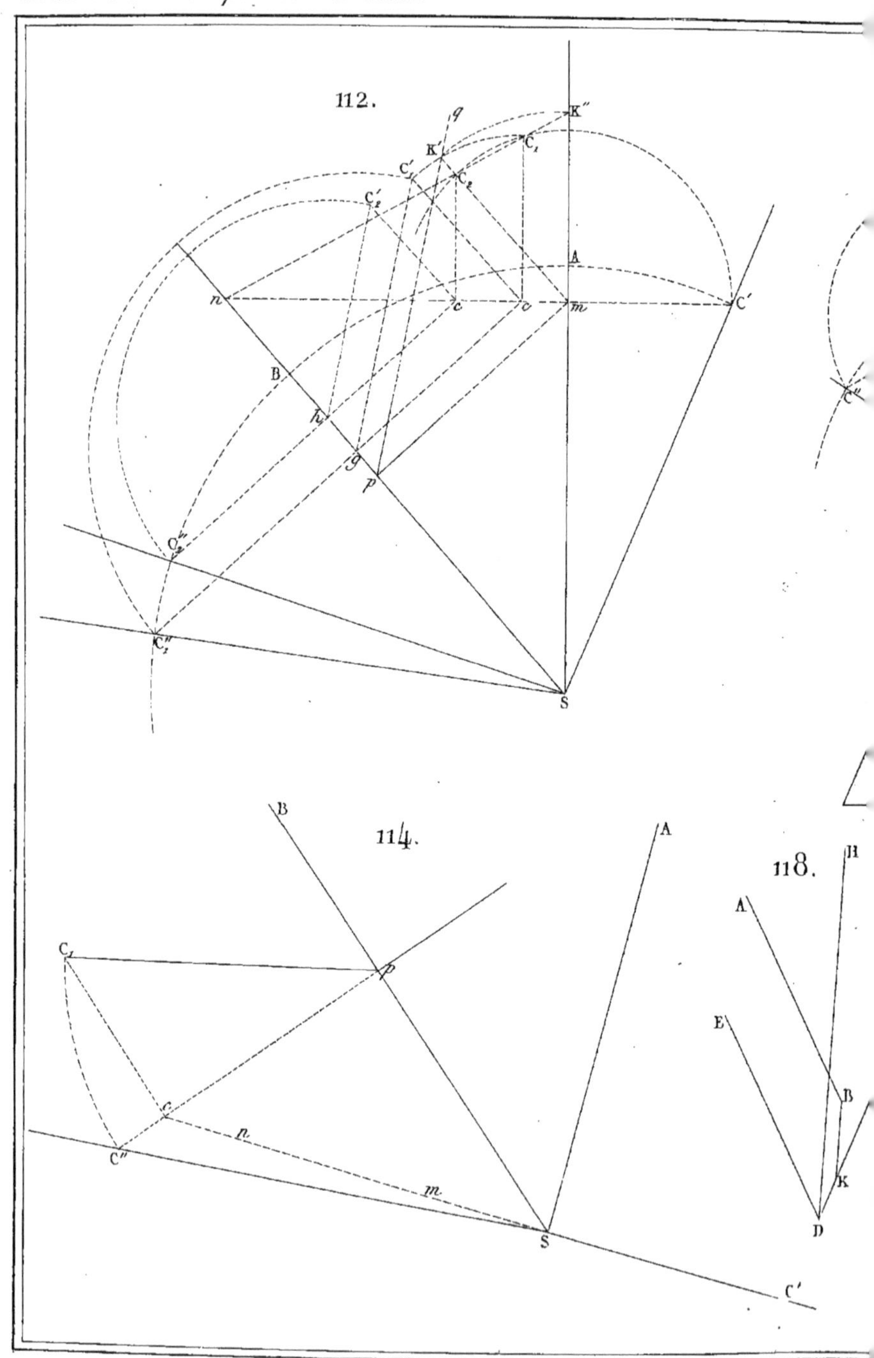
112.
114.
118.
K″
C₁
K′
C′₁
C₂
C′₂
q
A
n
c
c
m
C′
B
h
g
p
C″₂
C″₁
S
B
A
C₁
p
c
n
m
C″
S
C′
A
E
B
K
D
B
C″

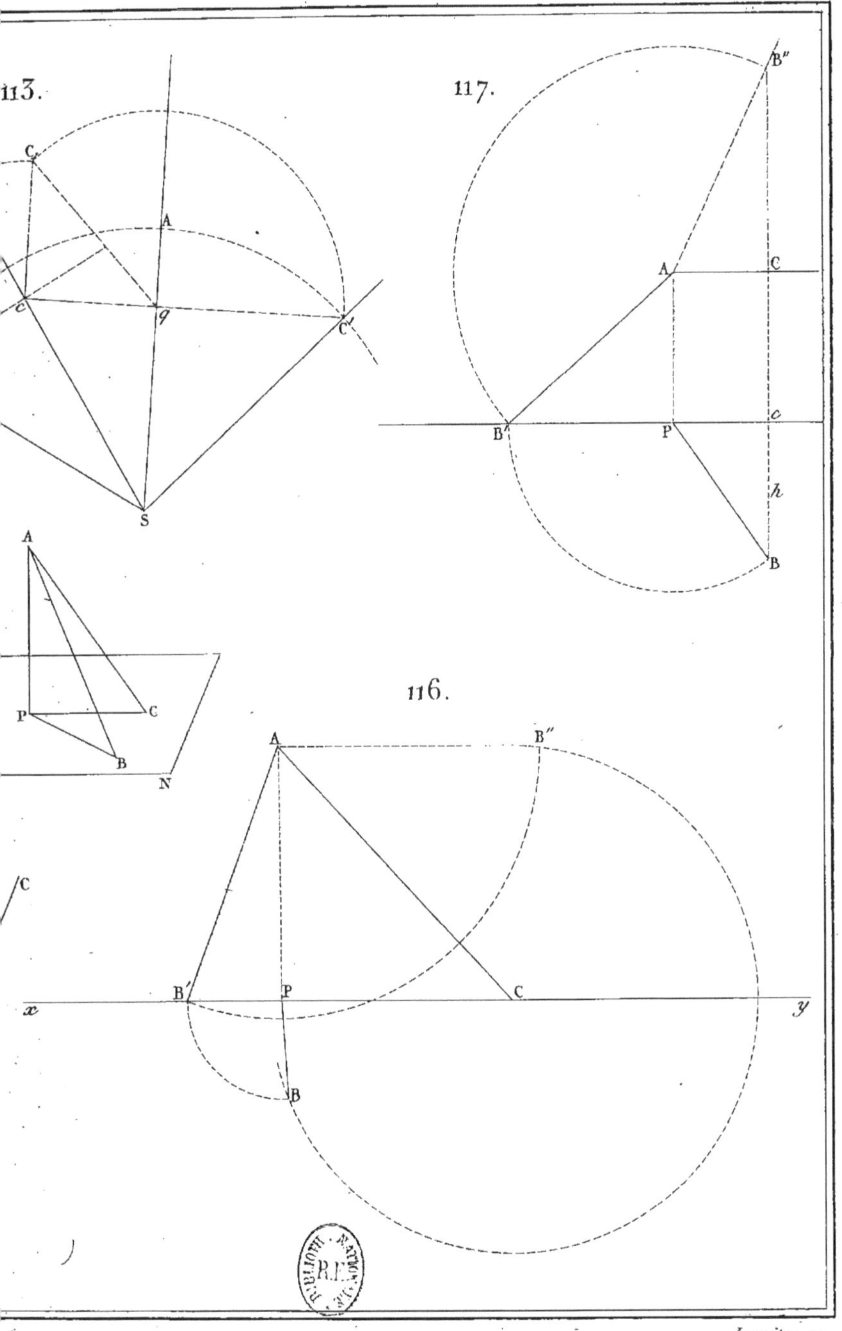

Lemaître sc.

119.

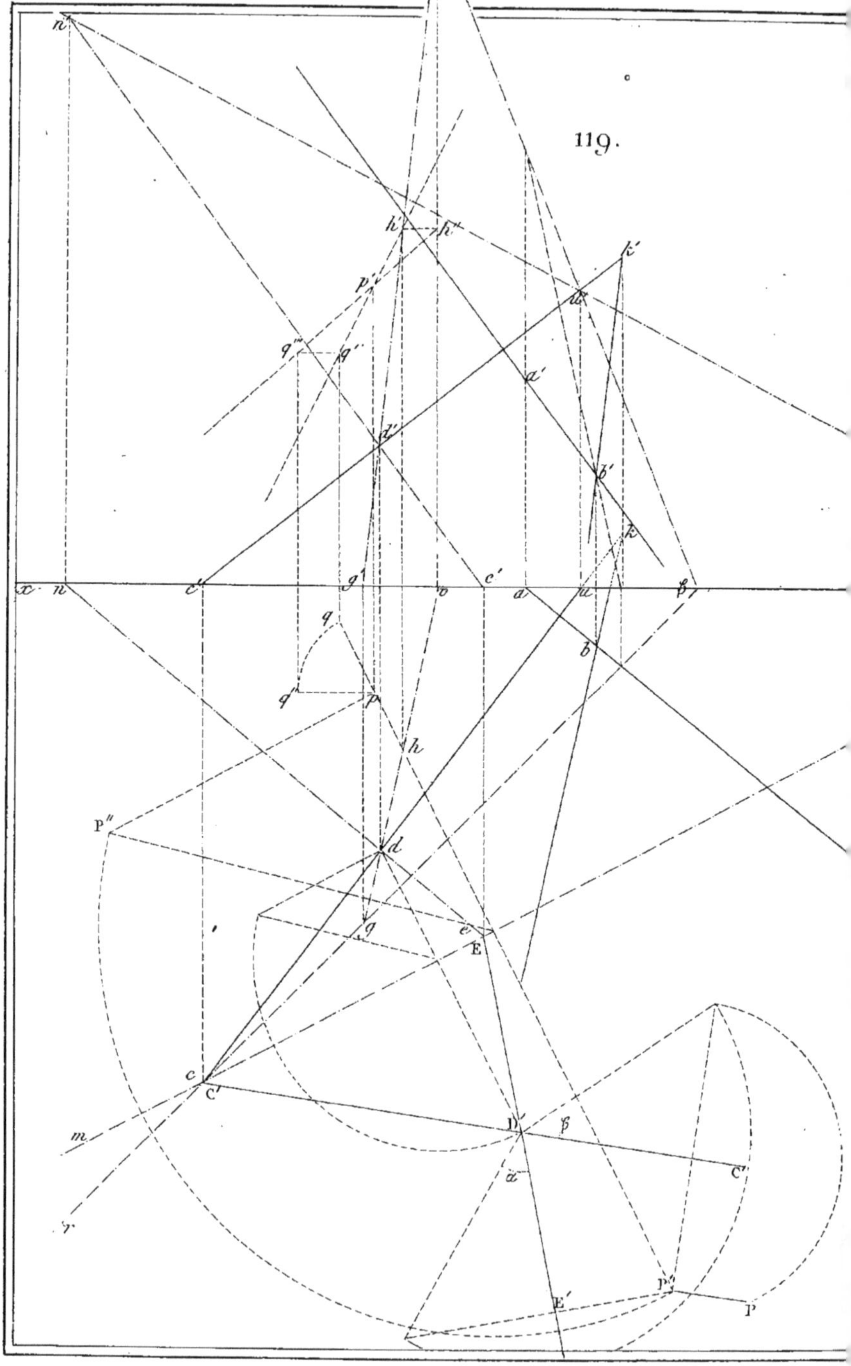

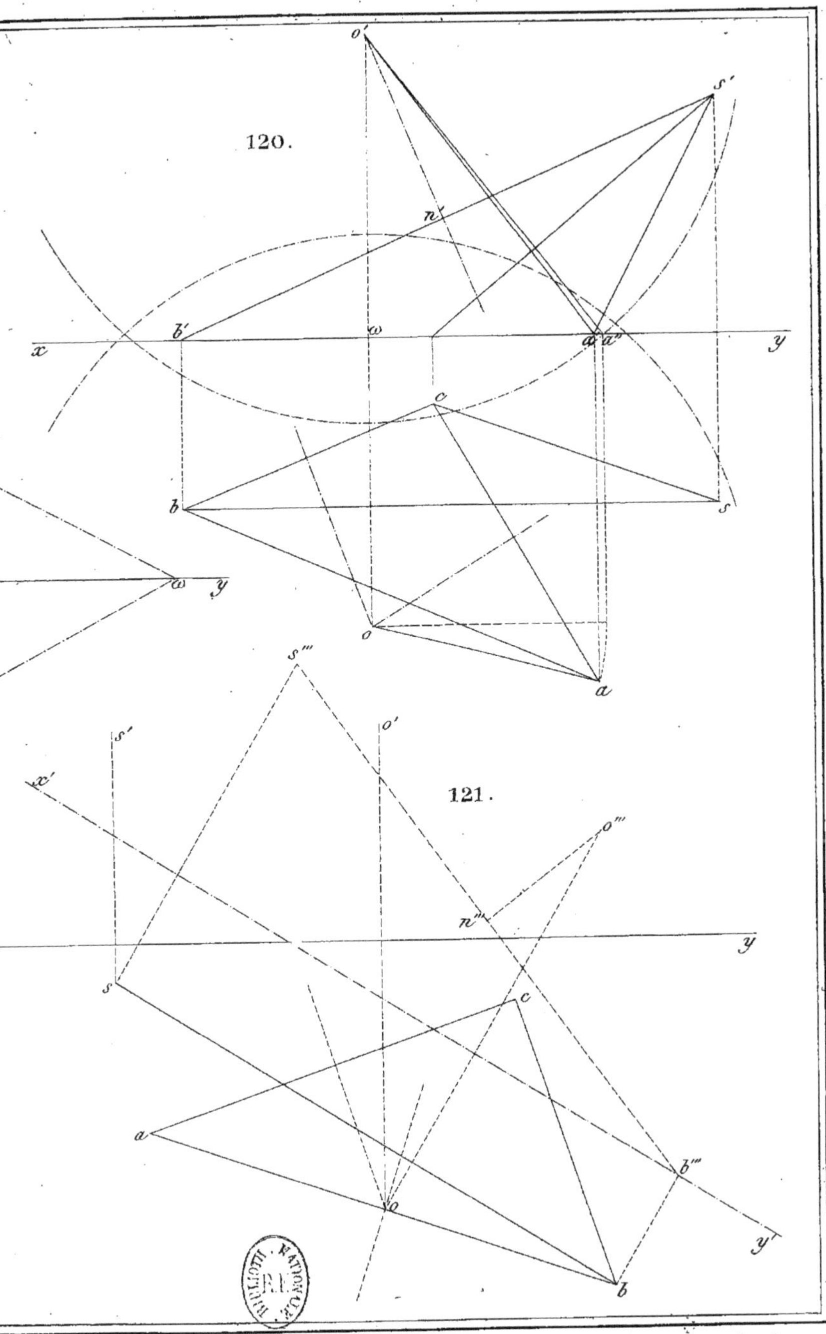

Lemaitre sc.

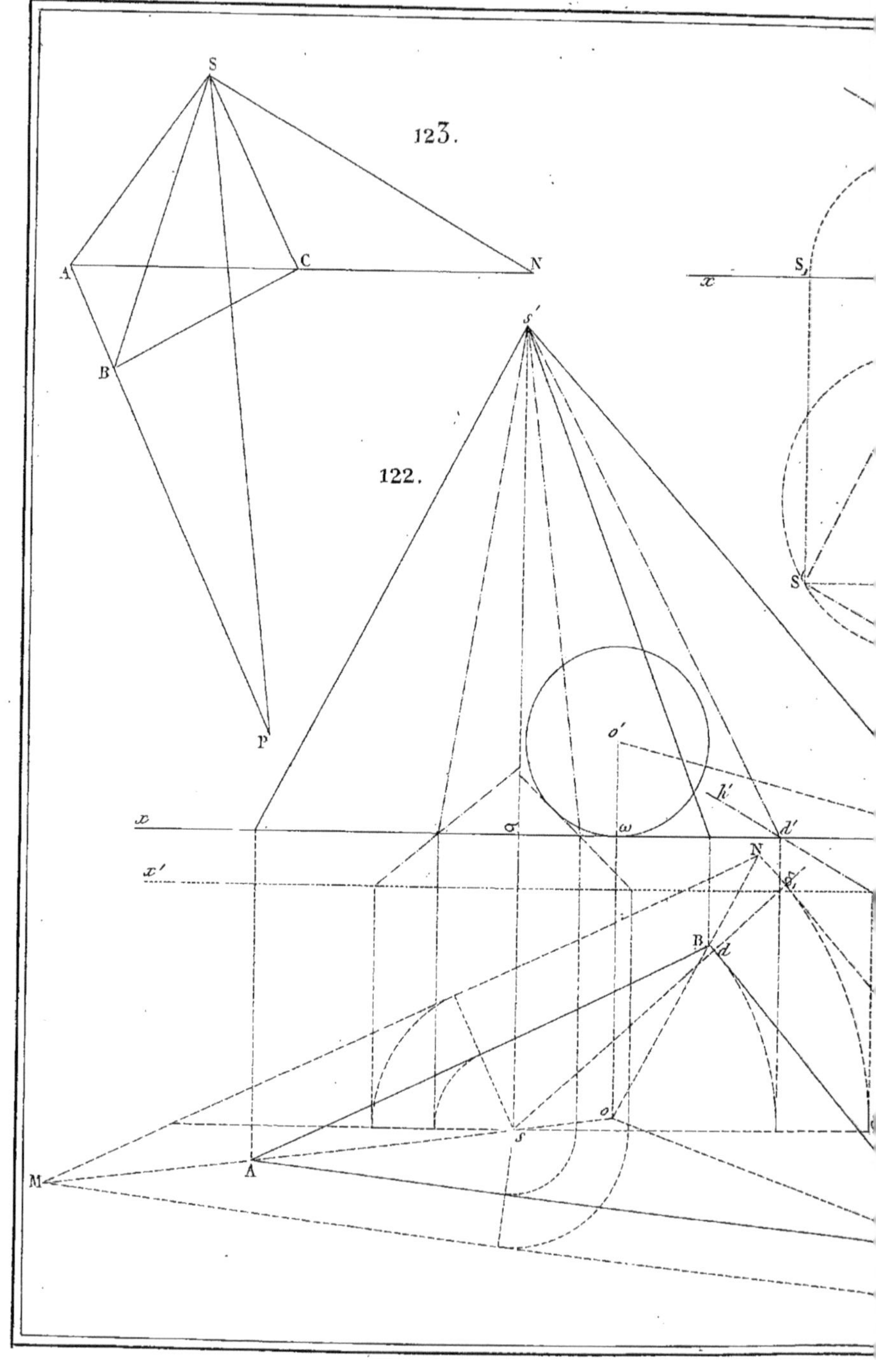
123.
S
A
C
N
B
P
122.
s'
o'
h'
x
x'
ω
d'
N
B
d
o
s
A
M
S,
x

125.

124.

Lemaitre sc.

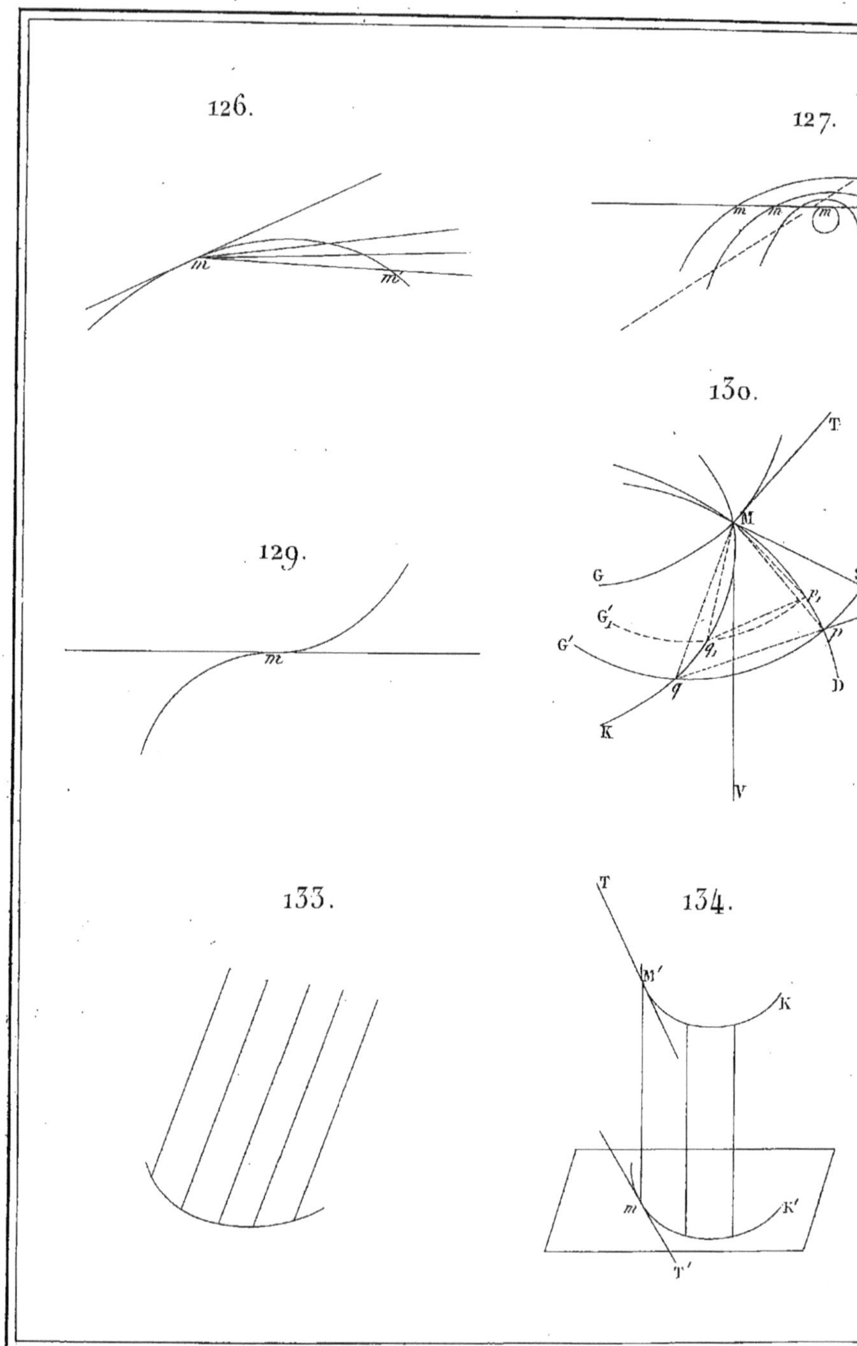
126.
m
m'
127.
m
m
m
129.
m
130.
T
M
G
S
G'1
p1
G'
q1
p
D
q
K
V
133.
134.
T
M'
K
m
K'
T'

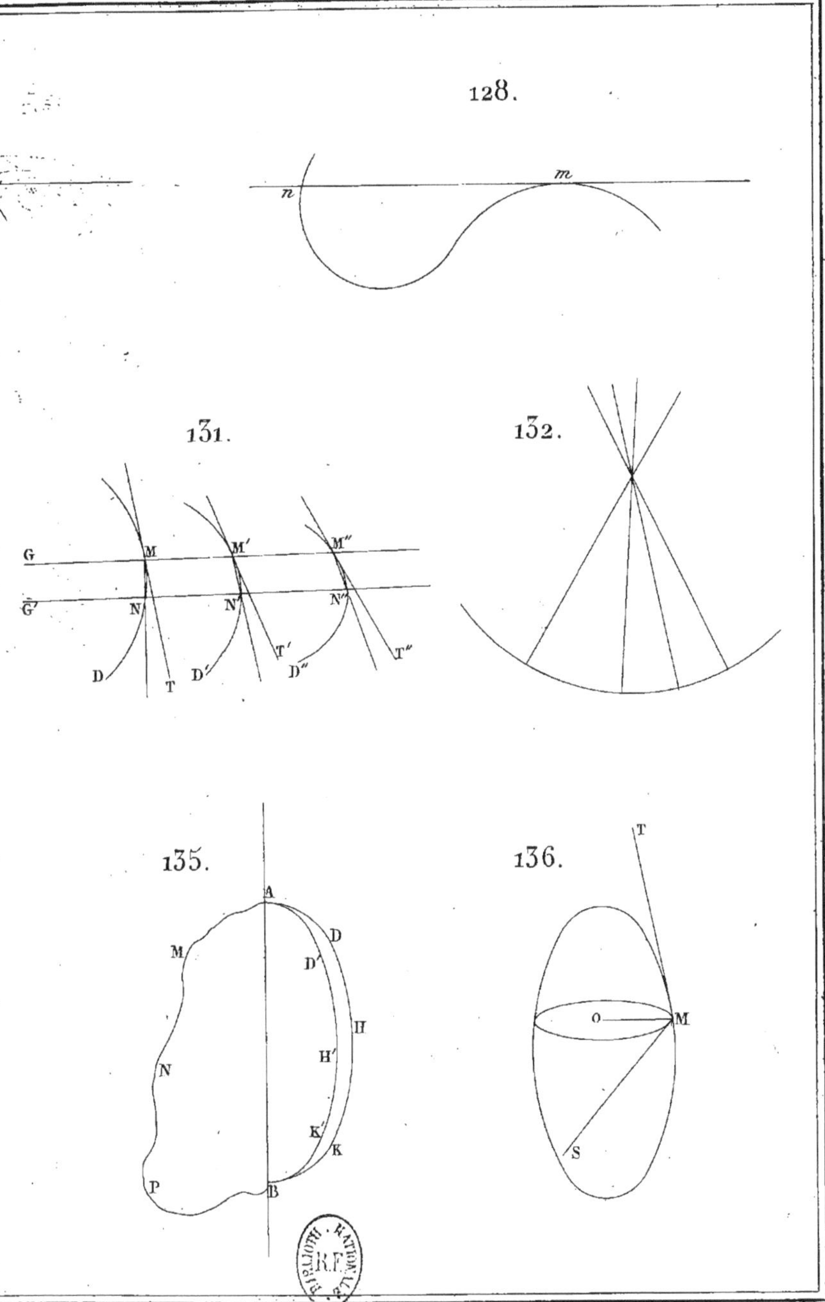

Lemaitre sc.

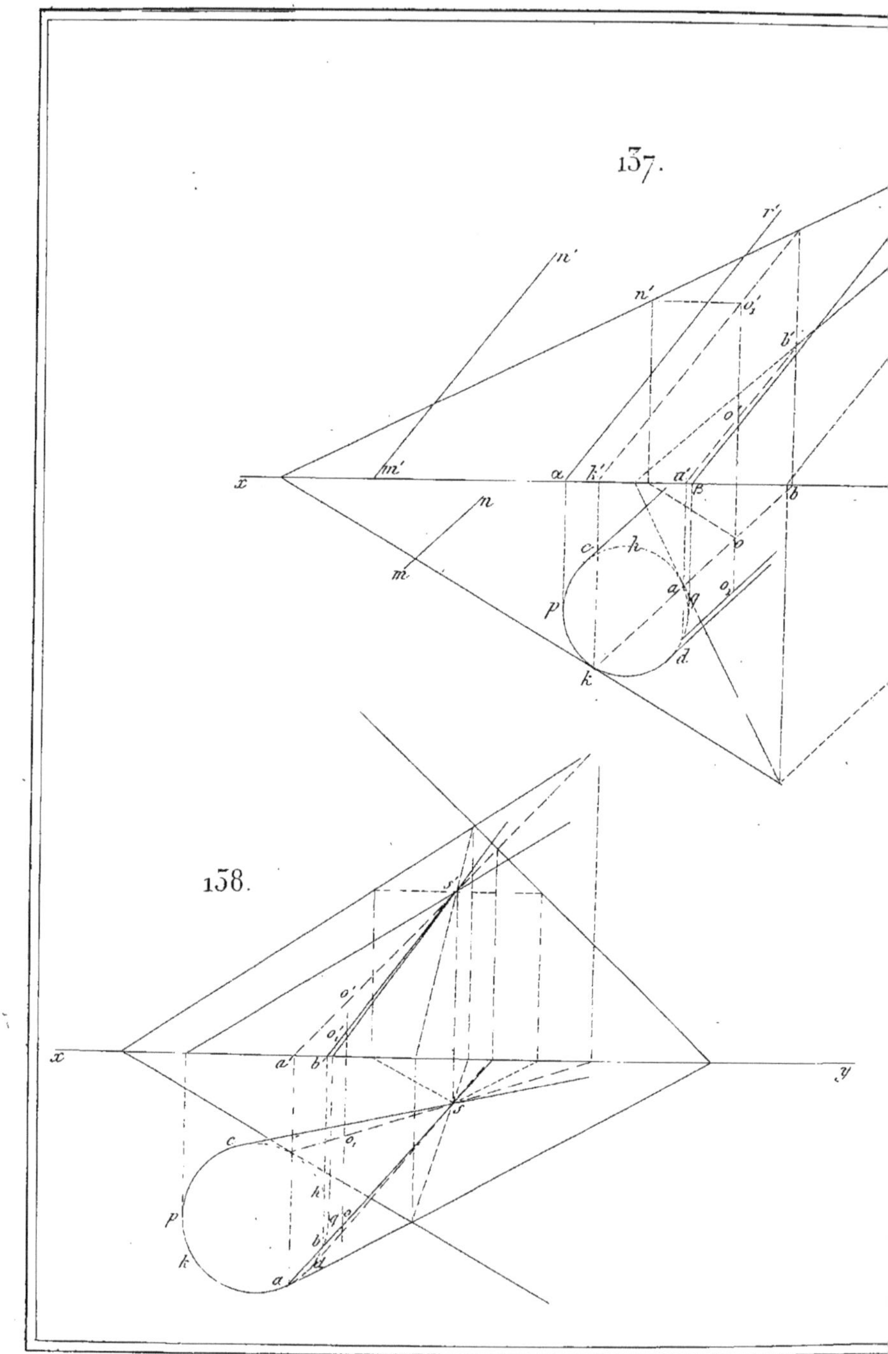
137.
138.
x
y
r'
n'
o'1
b'
o'
m'
α
k'
a'
β
b
n
m
c
h
o
a
q
o2
p
k
d
s'
o'
o'1
a'
b'
s
c
o1
h
p
q
o
b
k
d
a

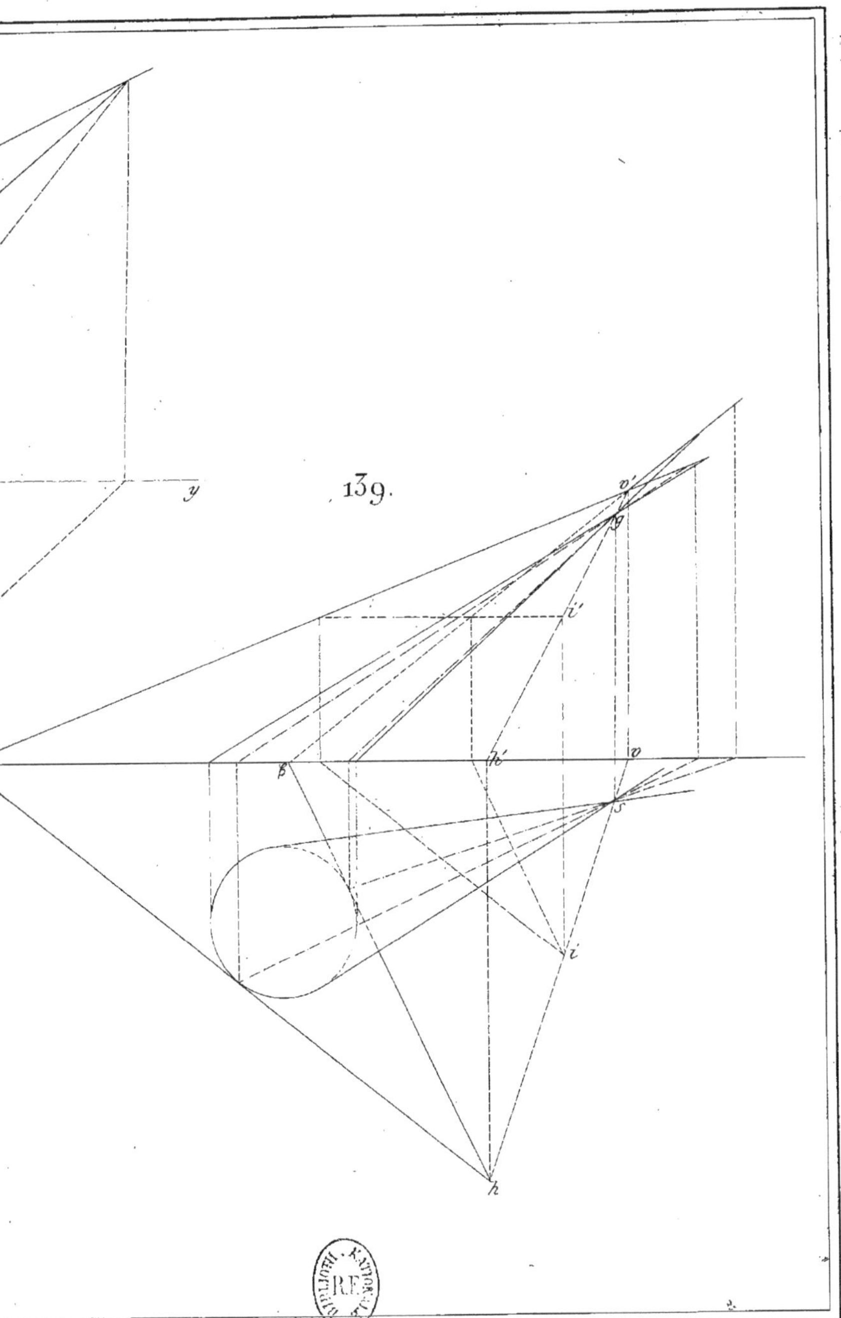

Lemaître sc.

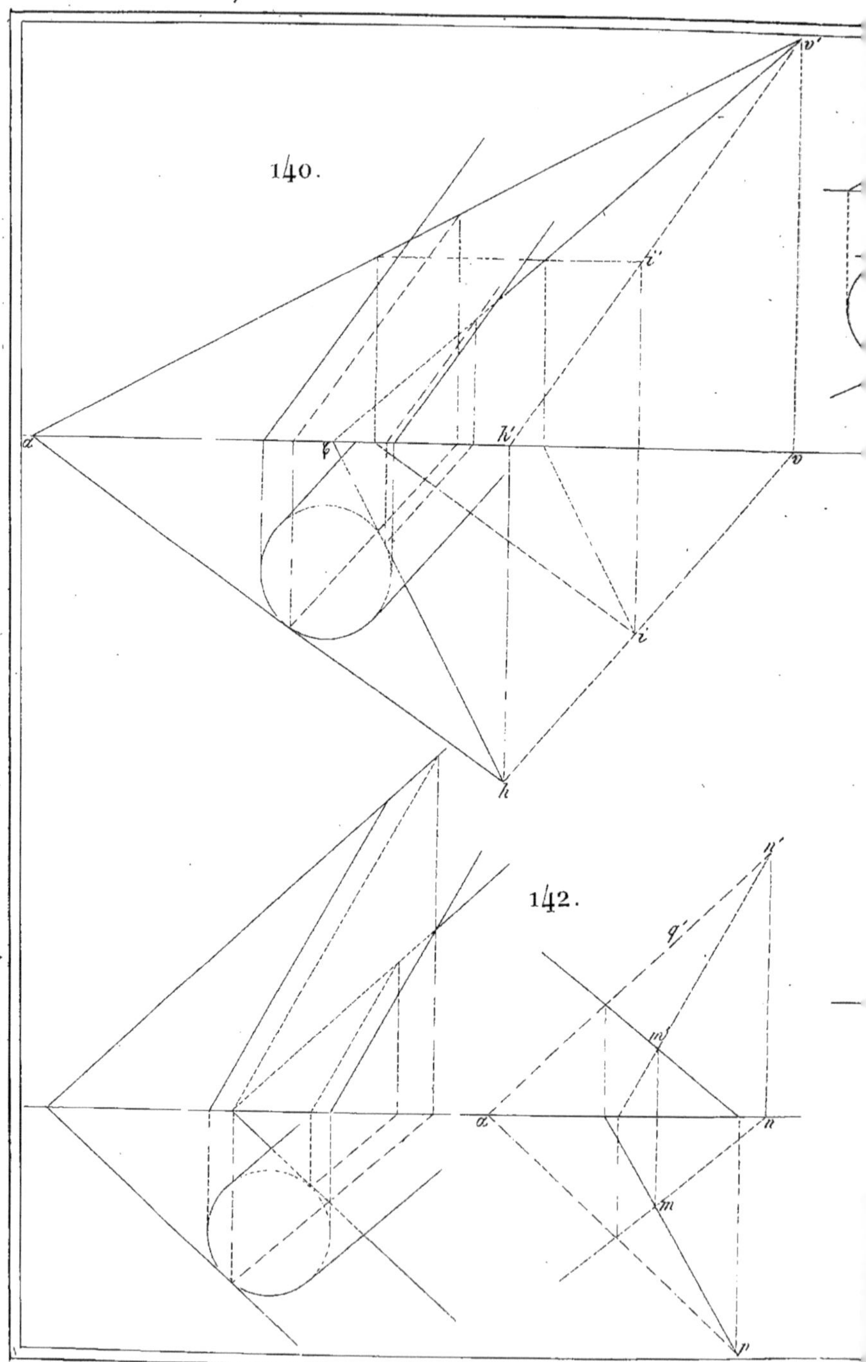
140.
v'
i'
h'
v
i
h
142.
n'
q'
m'
a
n
m
p

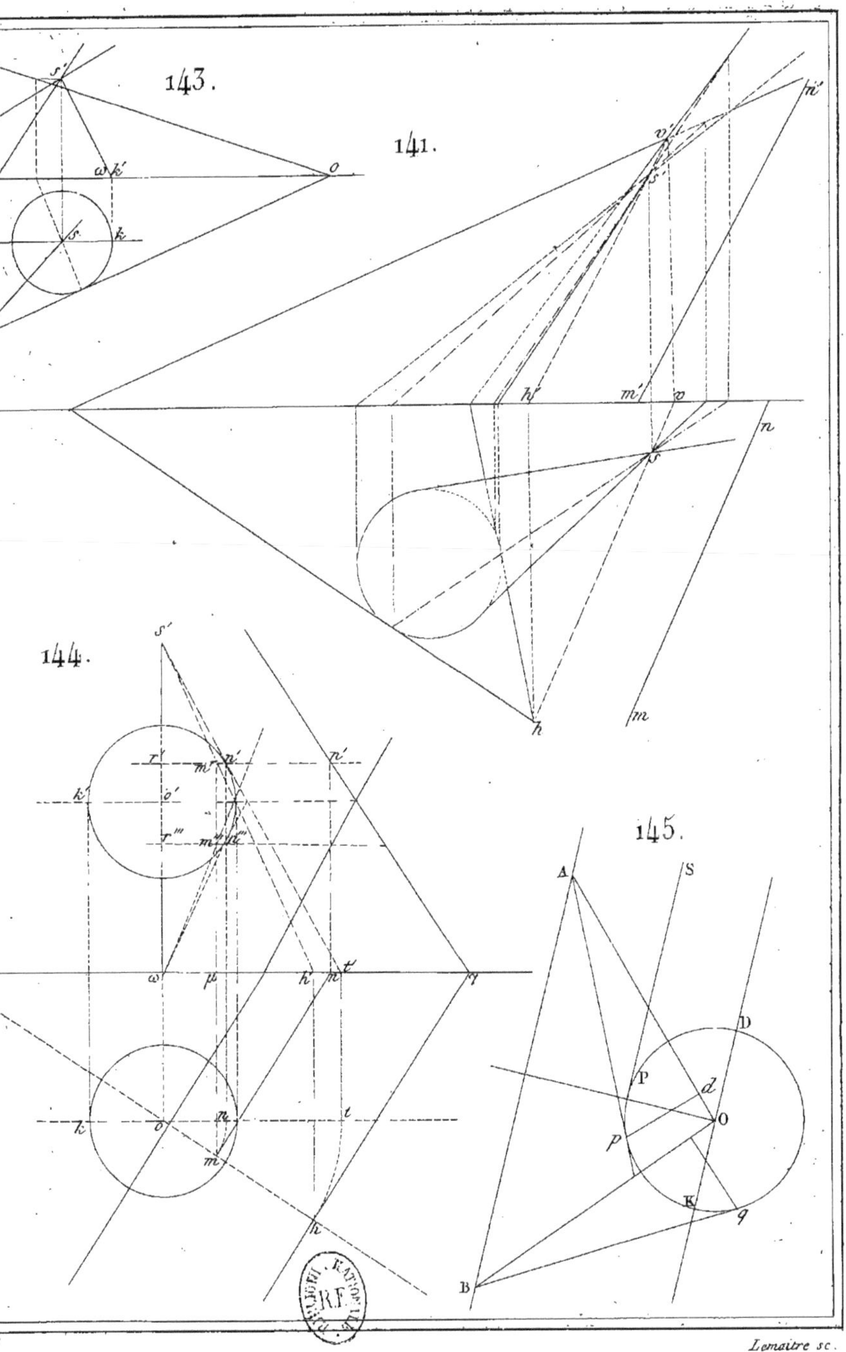

Lemaitre sc.

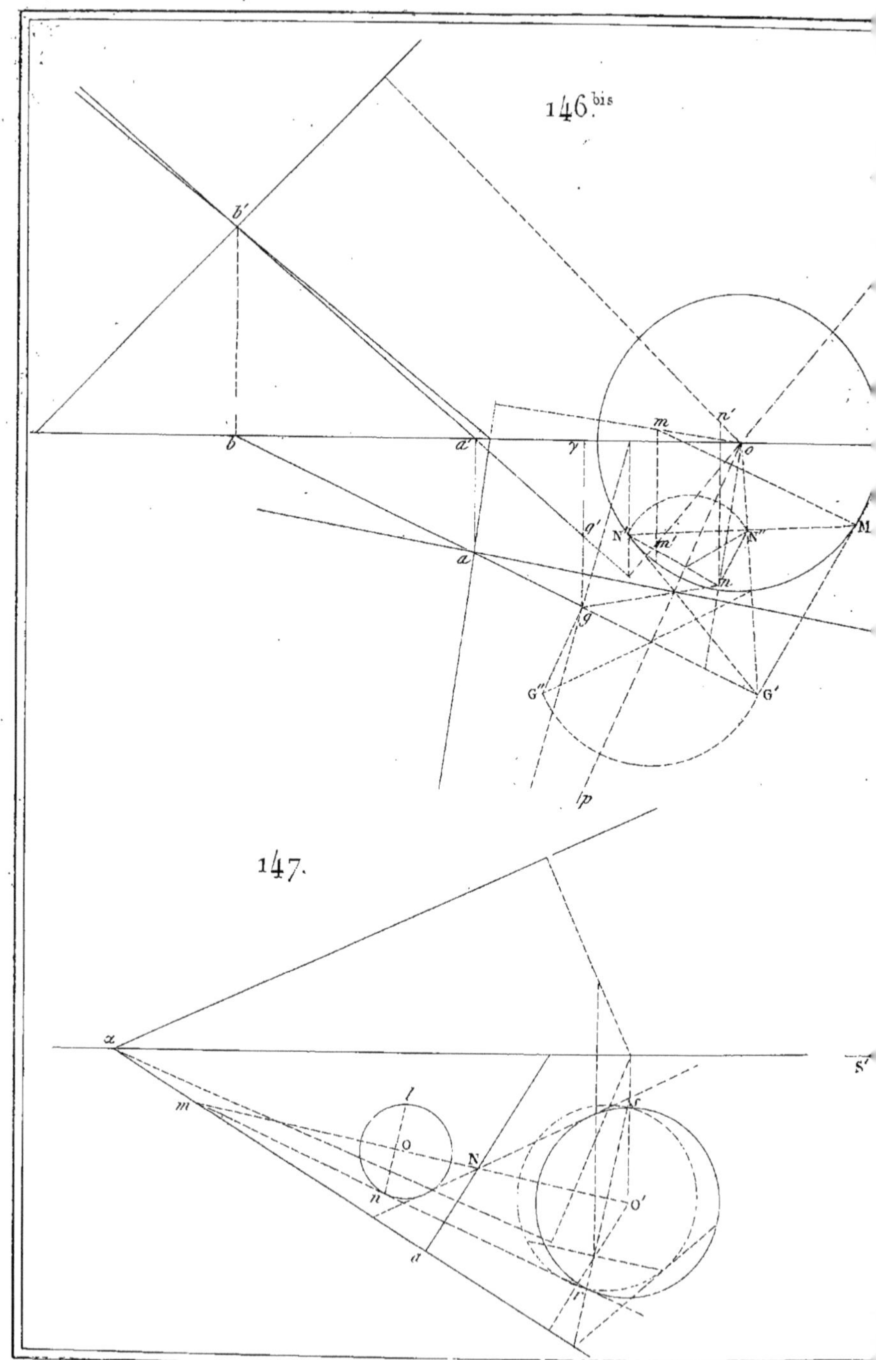
146.bis
b'
b
a'
γ
m
n'
o
q'
N'
m'
N''
M
a
n
q
G''
G'
p
147.
α
S'
m
l
o
N
n
a
r
O'
r

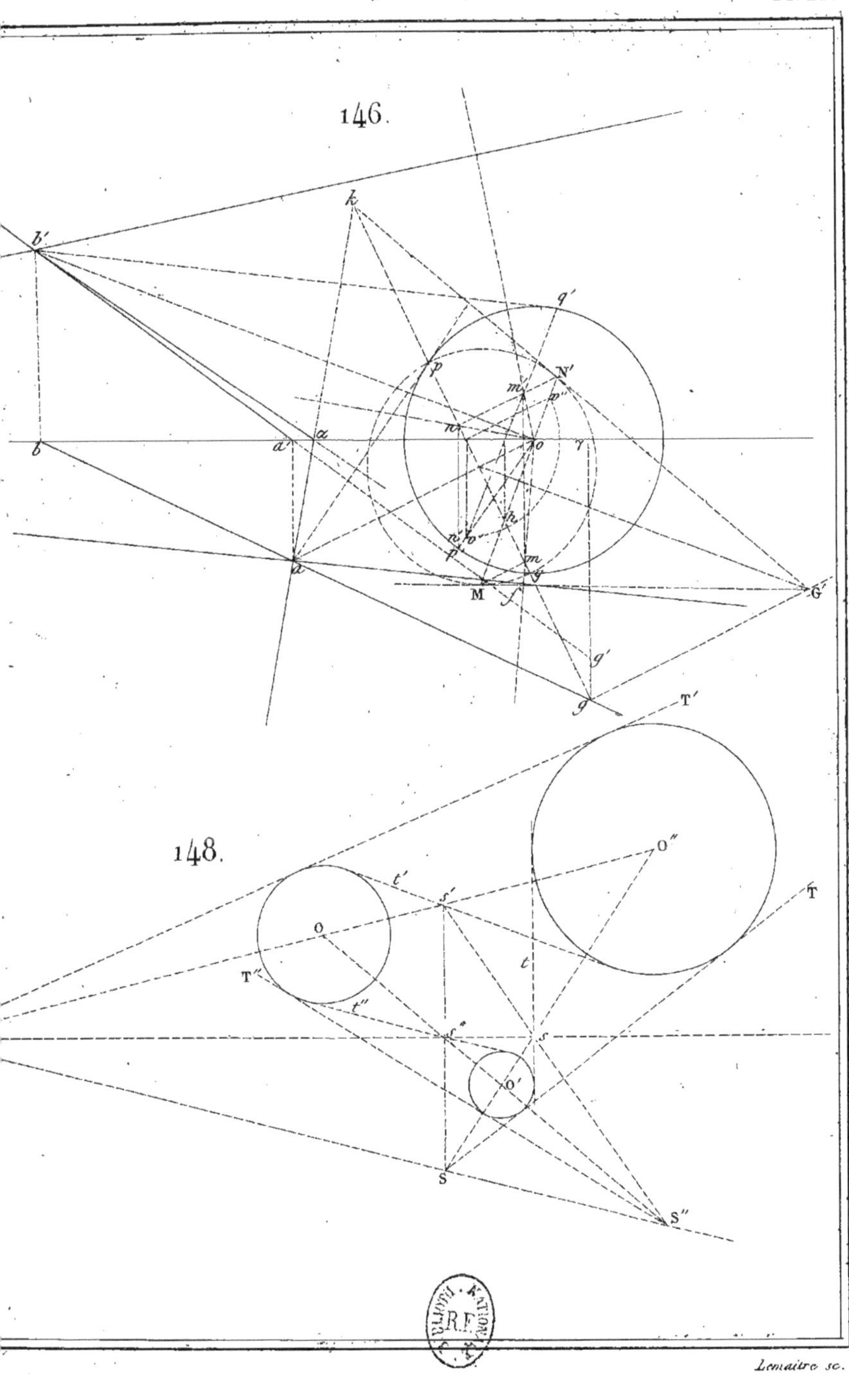

Lemaitre sc.

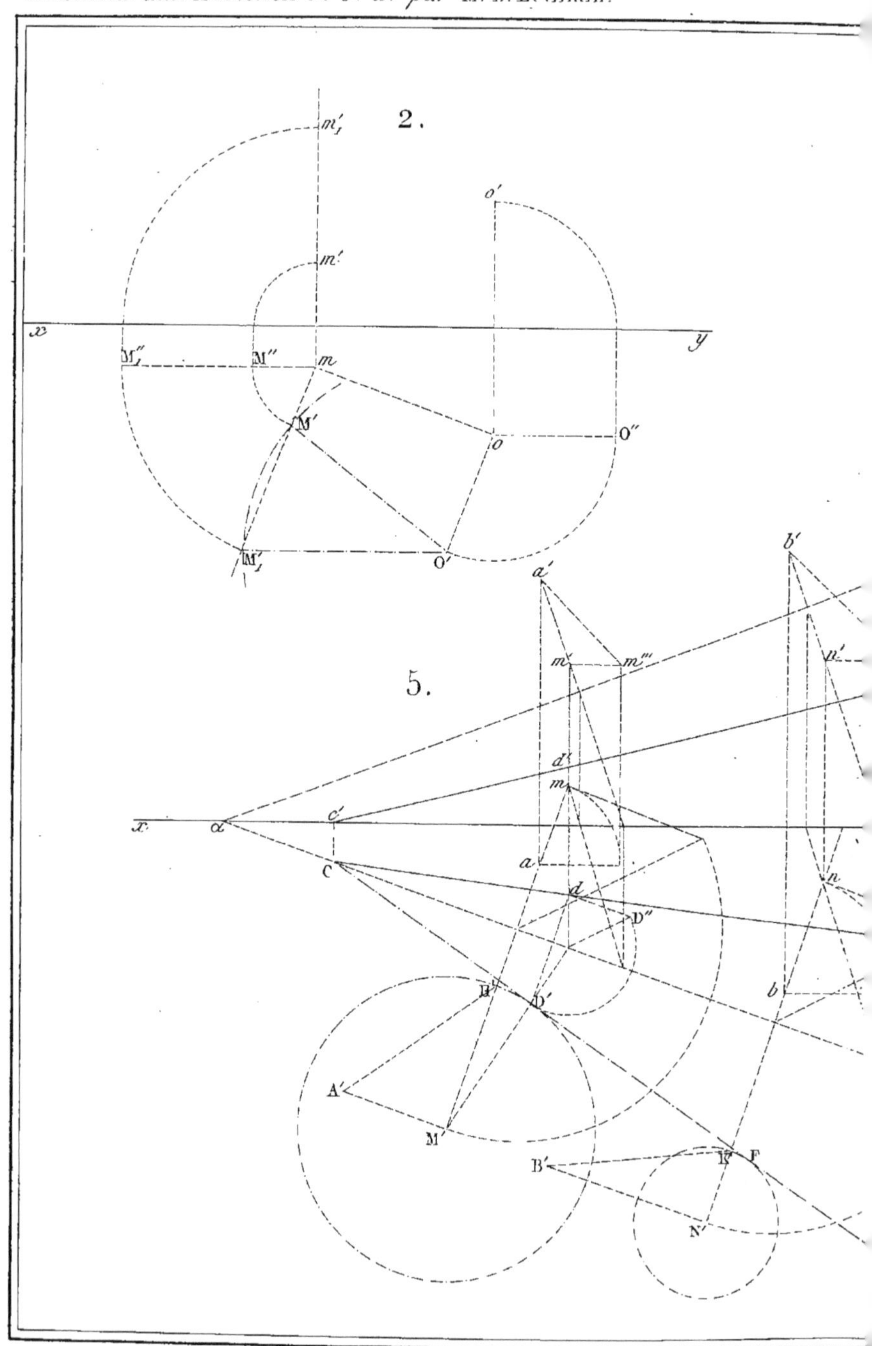
2.
5.
x
y
o'
O''
O'
M''
M'
m
m'
a'
b'
c'
d'
a
b
c
d
D''
D'
A'
B'
M
N'
F
α

Pl. 26.

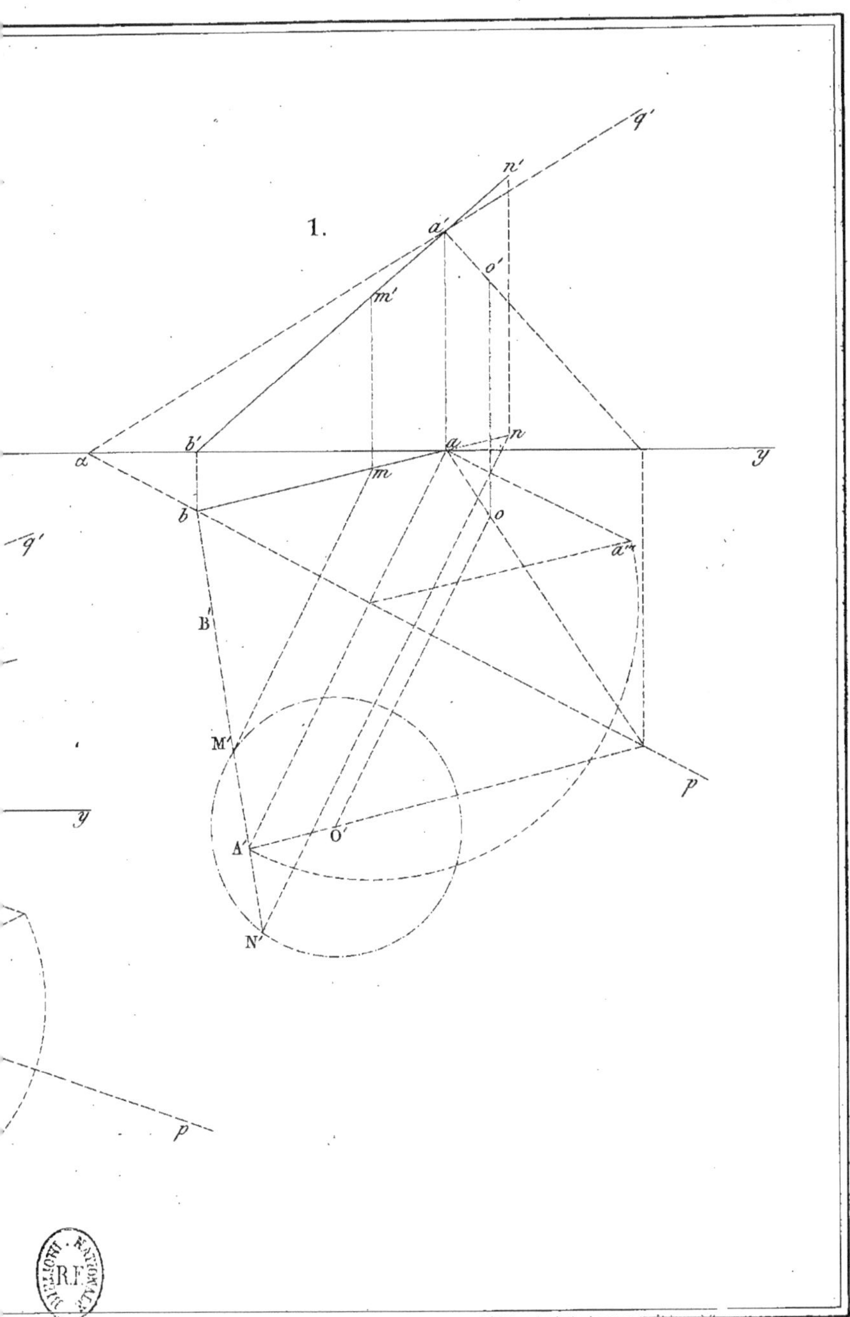

Lemaître sc.

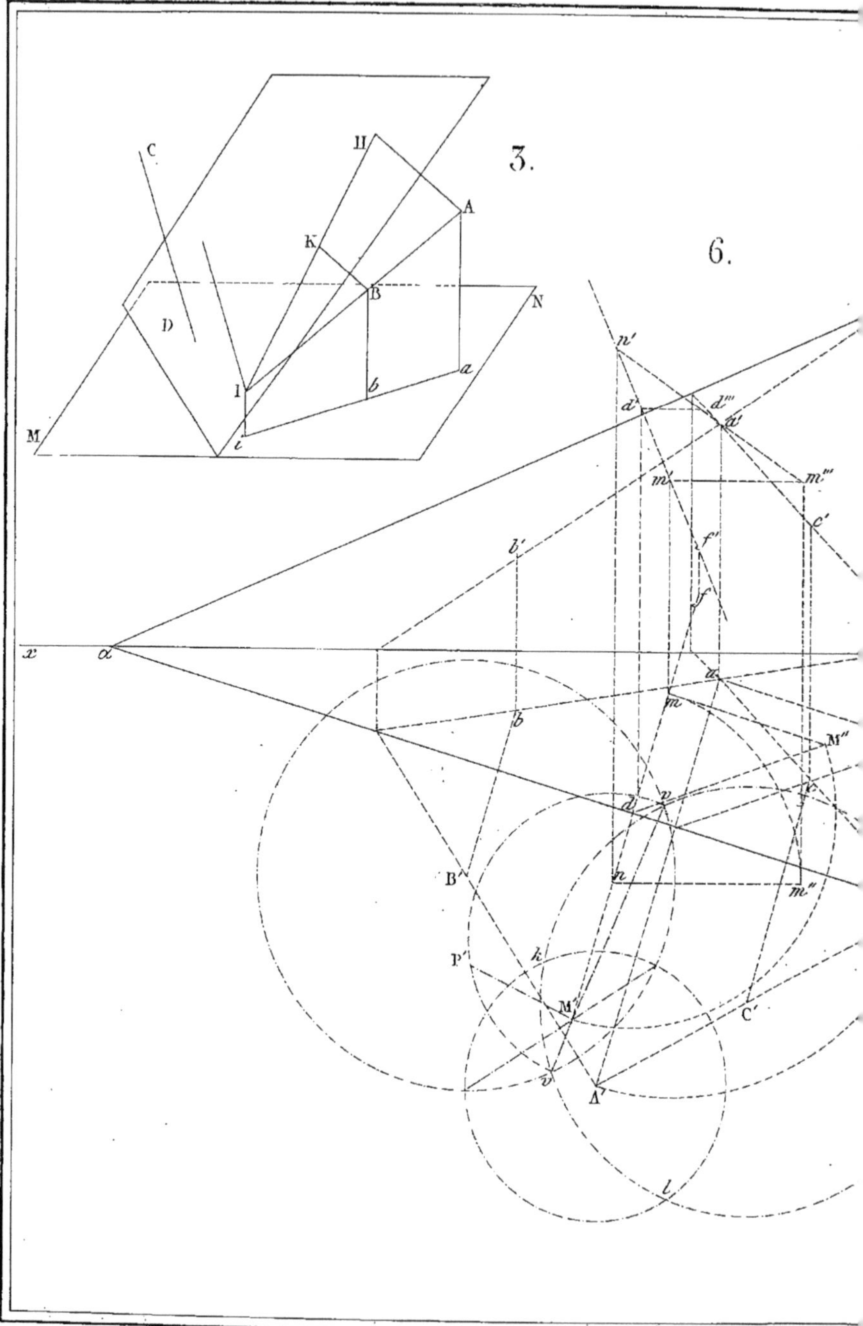
3.
C
H
A
K
B
N
D
a
b
I
M
i
6.
n'
d'
d'''
m'
m'''
c'
b'
f'
x
α
a
m
b
M''
d
B'
h
m''
P'
k
M'
C'
v
A'
l

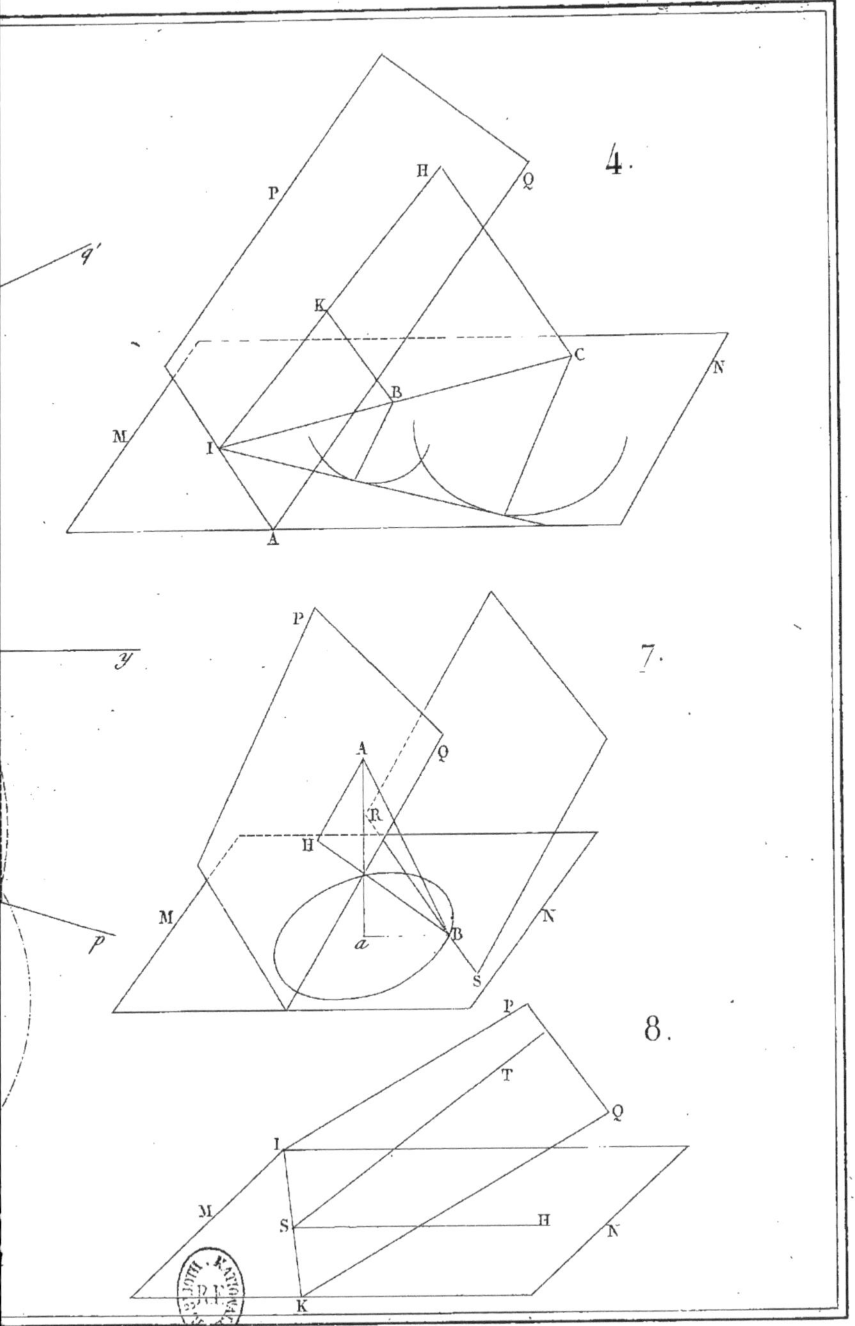

Lemaitre sc.

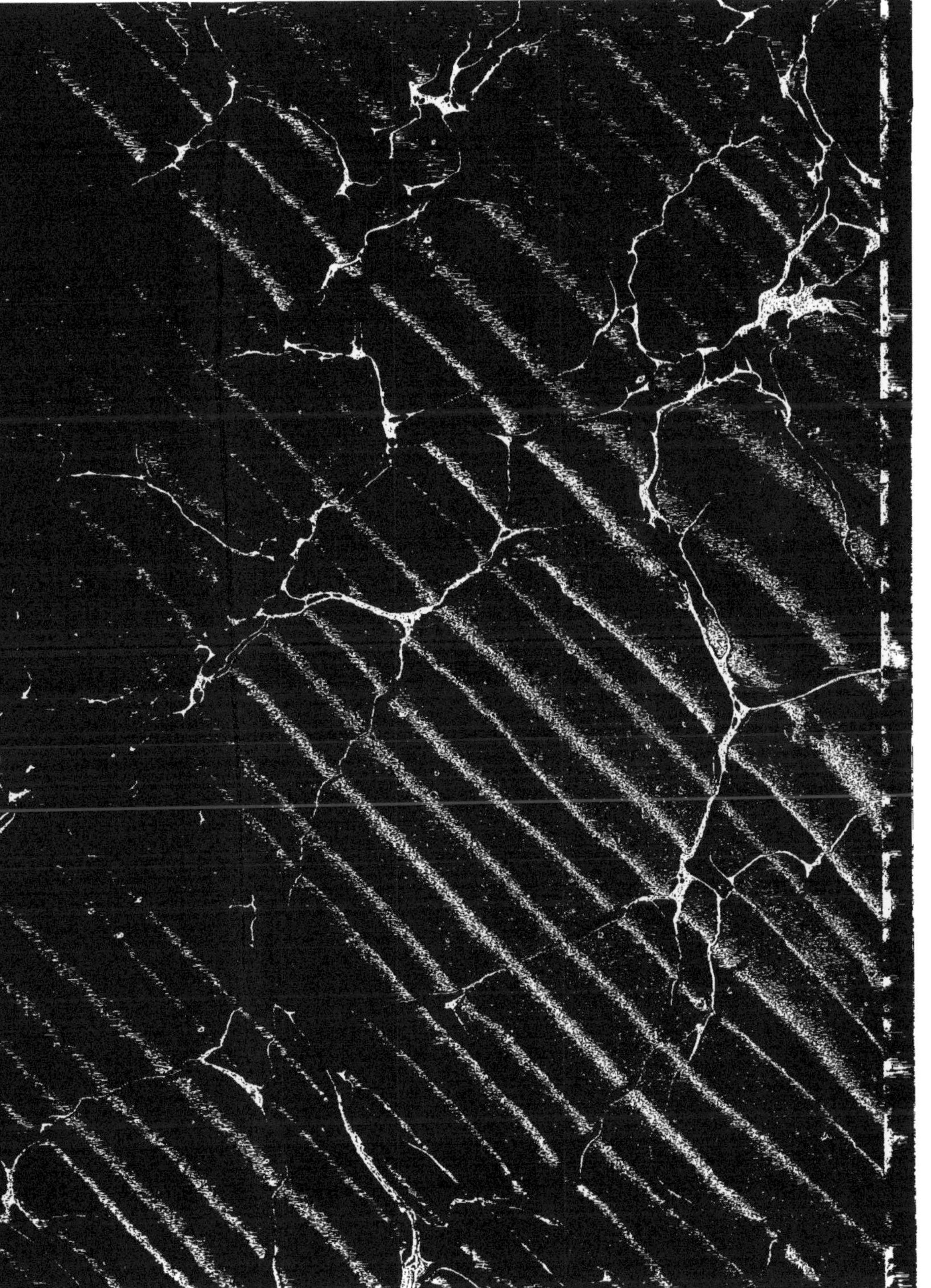

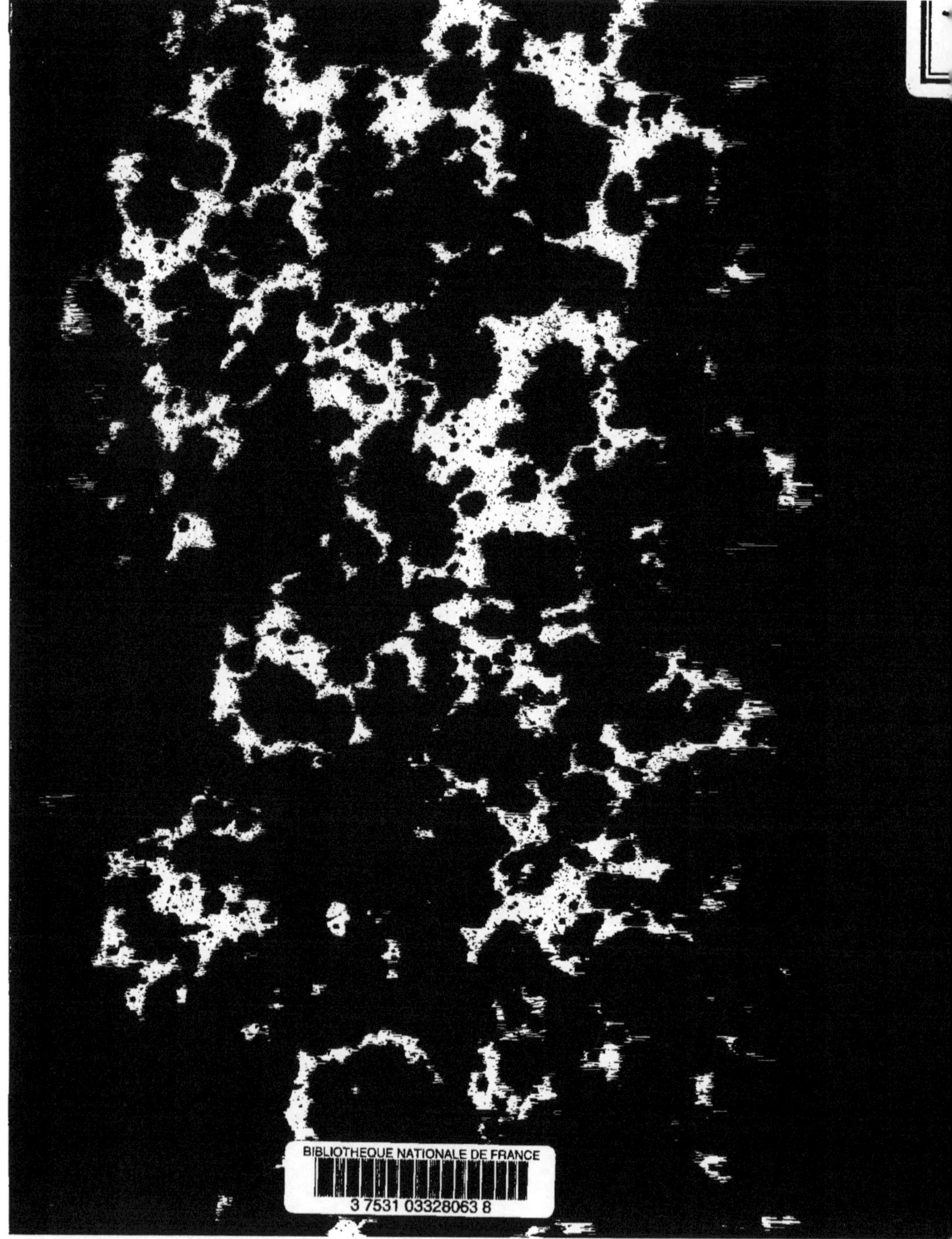